Walter ARNAUD

GPS, GALILEO ET AUTRES SYSTÈMES DE RADIONAVIGATION : HISTORIQUE, CONCEPT ET ENJEUX

Presses des Ponts

Remerciements

Je tiens à remercier Madame la professeur Évelyne BARBIN qui a bien voulu encadrer mon travail de recherche, ainsi que Monsieur le professeur Gilles BUREL et Madame Claudine FONTANON.
Je remercie également Monsieur Roger PAGNY, du ministère de l'Écologie, du Développement durable et de l'Énergie pour ses commentaires et remarques avisés.

ISBN : 978-2-85978-487-4

Presses des Ponts

15, rue de la Fontaine-au-Roi
75127 Paris Cedex 11

SOMMAIRE

INTRODUCTION

La seule étude des relations diplomatiques, militaires, politiques et géographiques entre les États, étendues le cas échéant aux organisations, ne semble plus suffire pour mener une analyse objective et exhaustive de ces relations. Il semble désormais qu'une analyse des flux d'échange entre les acteurs soit devenue nécessaire. Parmi ces flux, deux semblent particulièrement pertinents : les flux financiers et les flux d'information.

Mes compétences ne me permettent pas de traiter les flux économiques et financiers, même si ces études progressent, car, d'un point de vue académique, les mondes de la géopolitique traditionnelle et de la finance ne sont pas si éloignés.

En revanche, l'analyse des flux d'information n'a, jusqu'à présent et à ma connaissance, jamais fait l'objet d'une intégration durable et profonde à l'analyse géopolitique. François-Bernard Huyghes[1] a déjà examiné les effets des télécommunications dans les relations internationales. Alexandra Viatteau[2] s'est également intéressée aux médias de diffusion de l'information, et plus précisément de la désinformation par les organes soviétiques[3]. Ignacio Ramonet a réalisé un ouvrage sur le sujet, touchant cependant plus le contenu informationnel que les canaux de propagation utilisés[4], même s'il

1. Docteur en sciences politiques, habilité à diriger les recherches en sciences de la communication, François-Bernard Huyghes enseigne à Paris V, à l'École polytechnique et à l'Institut des relations internationales et stratégiques (IRIS). Son domaine d'étude concerne principalement les applications des technologies de l'information et de la communication, et leurs applications ou leurs effets.

2. Alexandra Kwiatkowska-Viatteau est ancienne élève de l'Institut d'études politiques de Paris et enseigne à Paris II, Paris IV et à l'université de Marne-la-Vallée dans le domaine des sciences de la communication.

3. Voir, par exemple, les articles http://www.diploweb.com/p7viat6.htm, http://www.diploweb.com/p7viat6.htm

4. Ignacio Ramonet, *Propagandes silencieuses, masses, télévision, cinéma*, éd. Galilée, 2000.

existe une corrélation entre les deux[1]. Enfin, il faut citer les travaux de Vladimir Volkof[2] même si le contenu informationnel est privilégié par rapport aux canaux de diffusion[3]. Les circuits de l'information relèvent des technologies de l'information, que sont, par exemple, les télécommunications, les mathématiques, les sciences physiques, l'informatique, etc., considérées comme des « sciences exactes ». Ces sciences relèvent des ingénieurs et des chercheurs appartenant à un monde où les données peuvent êtres quantifiées précisément, calculées, prévues, éventuellement par l'intermédiaire de fonctions de probabilités. Ces deux cultures, ces deux mondes au sens académique du terme, coexistent mais n'échangent qu'assez peu.

Les géopoliticiens considèrent généralement les technologies comme de simples outils, qui seront employés en fonction des stratégies et des objectifs des États. Or, il s'agit d'outils dont le fonctionnement est complexe et qui ont une influence considérable sur les organisations humaines, leurs capacités à agir et leurs objectifs. L'arme nucléaire, « simple outil », a fondamentalement et durablement bouleversé les équilibres politiques et les stratégies. Et, concernant les systèmes d'information, il en est de même, puisque les États-Unis ont développé, depuis 1990 environ, le concept de « guerre de l'information », ou *information warfare* pour reprendre le vocable américain. D'une certaine façon, le périmètre exact de ce concept importe assez peu : il suffit de constater que pour ce pays, qui reste une superpuissance militaire, diplomatique et économique, l'information est un axe stratégique majeur. En tant que doctrine d'emploi, la guerre de l'information dépasse le seul cadre des systèmes d'information, qui, même s'ils sont très importants, ne sont qu'un outil de sa mise en application.

Par ailleurs, les ingénieurs et les scientifiques sont souvent convaincus, ou plus probablement souhaitent demeurer convaincus, que la science s'élève au-dessus des considérations politiques, et reconnaissent désormais, tout au plus, la valeur économique de ces innovations. Cependant, c'est ou-

1. En effet, selon que l'information est visuelle, sonore, textuelle,... le canal retenu pourra sensiblement varier. Inversement, selon la disponibilité des canaux, le message sera adapté en conséquence.

2. Vladimir Volkoff était un écrivain français qui a travaillé sur les techniques de désinformation. Il a notamment publié *Petite Histoire de la désinformation*, Le Rocher, 1999.

3. Vladimir Volkoff, *La Désinformation, arme de guerre*, éd. Julliard « L'Âge d'Homme », 1986.

blier un peu rapidement que celles-ci ont été, presque exclusivement, portées dans le cadre de projets politiques et stratégiques majeurs. Le nucléaire, civil notamment, résulte d'un colossal effort de guerre américain durant la Seconde Guerre mondiale, puis de volontés politiques d'indépendance énergétique. Les technologies spatiales – y compris la télédiffusion – sont notamment le résultat de la course à l'espace que se livrèrent Soviétiques et Américains de 1958 à 1985.

1. L'INTÉRÊT DES SYSTÈMES D'INFORMATION ET HISTOIRE DES SCIENCES ET TECHNIQUES

Globalement, les acteurs de la géopolitique obéissent à des logiques différentes, poursuivent des objectifs propres, mais ont au moins deux nécessités : communiquer et savoir. La communication peut être vraie (communiqués de revendication, annonce politique, diplomatique ou économique, etc.) ou fausse (propagande, désinformation, erreur, etc.), minimisée (accidents industriels, ...) ou exagérée (pertes infligées à l'ennemi, ...), mais, dans tous les cas, il y a une nécessité d'apparaître pour exister. Même les groupes terroristes, qui vivent pourtant dans une stricte clandestinité, doivent communiquer[1].

En outre, même les états les plus puissants ou les criminels les plus recherchés ont besoin de savoir : ce que préparent leurs adversaires, quels marchés sont porteurs, où leurs troupes se trouvent, etc. Les systèmes d'information permettent désormais de savoir, en quelques secondes, presque tout ce qu'il est imaginable de connaître. Ils sont devenus les sens et le système nerveux des organisations. S'ils sont neutralisés, ces organisations peuvent s'effondrer, incapables de réagir et de lutter. La destruction des systèmes d'information (centre de commandement et réseaux, notamment) durant la guerre du Golfe de 1991 en fut l'un des exemples les plus aboutis. L'attaque informatique contre l'Estonie en mai-juin 2007 en fut un autre.

1. Cette nécessité avait été développée par Raymond Aron dans son ouvrage *Paix et guerre entre les nations,* Calmann-Lévy, 1962.

2. QUE PEUT APPORTER L'ÉTUDE DES SYSTÈMES D'INFORMATION À L'HISTOIRE DES SCIENCES ET DES TECHNIQUES ?

2.1. Les systèmes d'information, révélateurs des besoins stratégiques

Les états, les organisations, ont des besoins stratégiques et des vulnérabilités critiques, qu'elles tentent souvent de masquer, avec plus ou moins de réussite. L'analyse des systèmes d'information permet de révéler, au moins en partie, ces failles ainsi que les enjeux entre différents acteurs pour les exploiter. La comparaison avec un système nerveux est assez pertinente : le système d'information va irriguer tout le périmètre des capacités, et son analyse montrera où se situent les points névralgiques.

Le cas de la radionavigation est un exemple pertinent de système d'information et sera développé dans les chapitres suivants. L'Europe, mais aussi la Chine ou l'Inde, ont ainsi bien compris que l'emploi d'armes sophistiquées de haute précision dépendait du guidage par GPS,... système américain que les Américains maîtrisent à leur convenance. Pour un pays comme la Chine dont les relations avec les États-Unis sont parfois ambiguës, on peut imaginer l'embarras et par conséquent la volonté, forte, de sortir de cette emprise. La Chine a donc initié un système propre de radionavigation, Beidou. Pour des raisons différentes et avec une stratégie différentes, l'Europe s'est, elle, lancée dans le projet GALILEO.

De la même manière, les stratégies industrielles et technologiques des satellites de télécommunications permettent de déterminer quelles sont les failles que des états comme les États-Unis, la France ou la Russie veulent exploiter. Par ailleurs, véhiculant de l'information, ces systèmes permettent plus aisément que les analyses géopolitiques classiques, même si cela peut demeurer très difficile, de déterminer des stratégies de conflit ou de rapprochement.

2.2. Les systèmes d'information permettent de recouper les données existantes

La géopolitique est une discipline ambitieuse, qui, par ailleurs, a vocation à tenter de prévoir le champ des possibles pour les puissances politiques, militaires, culturelles ou diplomatiques. Même en supposant que les données soient parfaitement fiables, cela demeure compliqué.

Or, les données ne sont pas totalement fiables et il est difficile d'en obtenir. L'analyse des systèmes d'information peut permettre d'améliorer la situation, et surtout de pouvoir explorer de nouvelles pistes de réflexion ou de pondérer les données existantes.

2.3. Les systèmes d'information traduisent le modèle d'organisation

Il ne faut pas oublier que les systèmes d'information sont avant tout un outil, et en particulier un outil structurant[1]. Par définition, ils traduisent dans le monde technologique de l'échange d'information, les échanges entre des acteurs humains, dans le monde réel de l'organisation. Concrètement, le système d'information est la traduction technologique de flux, de processus et d'échanges des organisations humaines.

Or, même si la transparence est prétendument de mise, les schémas d'organisation sont souvent stratégiques car ils définissent les axes prioritaires, caractérisent l'influence des acteurs dans le dispositif, et donc peuvent apporter une connaissance particulièrement précieuse. De fait, l'organigramme officiel n'est pas nécessairement le reflet de la réalité. Ne serait-ce que pour leur déploiement, les systèmes d'information devront être plus conformes à la réalité de l'organisation.

Sur la base de ce postulat d'un lien effectif entre organisation et système d'information, l'analyse des systèmes d'information peut permettre de déterminer, voire de caractériser, au moins partiellement cette organisation soit parce que celle-ci est clandestine et inconnue, soit parce que le modèle d'organisation affiché ne semble pas conforme à la réalité (économique, politique, etc.).

2.4. Des contraintes géographiques rendues relatives

« Vérité en deçà des Pyrénées, fausseté au-delà » écrivait Blaise Pascal. En effet, une chaîne de montagne constituait non seulement une frontière

1. Cf. ouvrage de Jean Reix, *Systèmes d'information et management des organisations*, aux éditions Vuibert. Succinctement, le système d'information étant le véhicule de la communication dans l'organisation collecte, stockage, traitement, etc., il coordonne et structure les activités de l'organisation, et donc influence son organisation.

naturelle, mais aussi, par conséquent, une frontière culturelle, humaine et politique. Or aujourd'hui, un simple mail permet de communiquer en quelques secondes avec l'Espagne, les États-Unis, l'Australie, la Chine, etc. L'accès à Internet a généré progressivement des cultures communes aux internautes qui se retrouvent désormais sur *Facebook*, déposent leurs vidéos sur *YouTube* ou échangent des informations dans les forums. Les barrières géographiques sont beaucoup moins évidentes depuis l'avènement des réseaux de télécommunications et de l'Internet.

Quant aux opérations militaires, l'existence de nombreux blogs – qui ont d'ailleurs conduit en juillet 2008, le ministre de la Défense Hervé Morin à réclamer un contrôle en France – rendent désormais impossible tout véritable contrôle de l'information. Un conflit qui se déroule dans une contrée aussi éloignée soit-elle sera rapidement connu du grand public.

Les notions de distance, d'insularité, de frontières naturelles, doivent donc être relativisées en ce qui concerne l'information et tout ce qui peut en découler : médias, culture, propagation de rumeurs, etc. De plus, comme les échanges boursiers et financiers sont réalisés par l'intermédiaire de systèmes d'information, une crise financière a toutes les chances de se propager très rapidement, en ignorant les frontières et en causant des dommages avant même qu'une réaction structurée puisse être mise en œuvre. La récente crise des *subprimes* en aura été une illustration concrète.

La géopolitique ne devrait donc plus faire autant abstraction d'une technologie dont les capacités permettent de s'affranchir, au moins dans une certaine mesure, des contraintes géographiques. Concernant les transferts de connaissances et d'informations, les océans et les chaînes de montagnes ne sont plus des obstacles. Les distances n'existent plus dans ces domaines, et il faut désormais considérer que toute information, en tout point de la planète, peut être divulguée, connue et relayée dans un court délai. Or la maîtrise de l'information est l'une des conditions du pouvoir, qui influe sur les stratégies et les politiques menées. S'abstenir de la connaissance des systèmes d'information conduirait, désormais, à tenter d'analyser des enjeux géopolitiques sans disposer de tous les facteurs stratégiques.

2.5. Les systèmes d'information ont souvent conduit à des évolutions technologiques majeures

Le système d'information est soumis à la nécessité de répondre aux besoins organisationnels et à des contraintes souvent importantes en matière de rapidité de développement, de coûts, d'utilisation. De ce fait, il a régulièrement conduit à des évolutions technologiques majeures : si le téléphone était à l'origine de la « commutation de circuit », Internet a ainsi introduit la « commutation par paquets », permettant de proposer des routes variées de communication entre deux entités.

Le GPS (*Global Positioning System*), quant à lui, est à l'origine des communications à étalement de spectre, permettant de transmettre simultanément des signaux dans une même bande de fréquences, sous réserve d'imposer à ces signaux des contraintes mathématiques d'orthogonalité (polynômes de Gold). Ces techniques ont ensuite trouvé des applications en matière de téléphonie mobile. Dans le cas du GPS, cette contrainte d'orthogonalité avait surtout vocation à éviter les effets d'un brouillage, mais elle sera ensuite fructueusement reprise en communications numériques pour résister aux trajets multiples et pour économiser les ressources en fréquence. Bien que l'étalement de spectre ait été testé en URSS dans les années 1950-1960 pour des applications de communications, le GPS, en mettant en œuvre les algorithmes et les moyens techniques à coût raisonnable associés- a donné l'essor réel à cette technique et a permis, très probablement, son extension, plus générale, au monde des télécommunications.

2.6. Les systèmes d'information ont participé aux transferts de connaissances

En la matière, le GPS est emblématique des transferts de connaissance qu'un système d'information peut induire. Conçu initialement pour des applications militaires, le GPS s'est rapidement ouvert à des applications civiles comme la navigation aérienne ou la géodésie dont il a très sensiblement modifié les capacités. De même, comme vu précédemment, la forme d'onde à étalement de spectre par codage orthogonal (CDMA) a ensuite été reprise, dans les années 1990, pour les télécommunications 3G mobiles.

Les nombreuses technologies mises en œuvre par les systèmes d'information requièrent en effet des coopérations techniques, et sont donc propices aux échanges de savoirs et de connaissances.

Les applications diversifiées conduisent également à un partage et une diffusion des connaissances, notamment des connaissances organisationnelles. Ainsi, dans le cas du GPS, le programme est initialement lancé dans un but strictement militaire, en 1973, par le *Department of Defense* (DoD) sous le terme de NAVSTAR-GPS (*NAVigation System Time and Ranging – Global Positioning System*). Toutefois, les applications civiles n'étaient pas écartées, car un compromis technique avait été intégré dès la phase d'étude : deux services étaient prévus, l'un à grande précision et crypté, et un second à la précision « raisonnable » et accessible sans cryptage.

Progressivement, le monde civil a même pu accéder à la précision militaire : le 1er mai 2000, le président Bill Clinton prenait un décret mettant fin à la dégradation du signal transmis.

3. LE CAS PARTICULIER DES SYSTÈMES DE RADIONAVIGATION

À travers l'exemple de la radionavigation par satellite, cet ouvrage a vocation à mettre en évidence, dans ses multiples composantes et dimensions, le rôle de ces systèmes d'information particuliers dans les relations politiques et stratégiques entre les États. Ainsi, il s'agira de montrer qu'une convergence de l'analyse incluant l'angle des systèmes d'information et de radionavigation peut permettre de faire émerger de nouveaux schémas.

Dans le chapitre I seront présentés les systèmes d'information de radionavigation, souvent appelés systèmes de géolocalisation, dont le plus célèbre est le GPS américain. Le développement de ces systèmes, hautement stratégiques et nécessitant des infrastructures et des investissements importants, a été guidé par une stratégie politico-industrielle des pays, avouée ou cachée. Néanmoins, le déploiement d'un système de géolocalisation donne des indications sur la stratégie d'un État. En particulier, seul un état souhaitant se positionner comme une puissance – *a minima* régionale – peut initier de tels projets.

Le chapitre II illustrera le cas particulier du système européen de géolocalisation GALILEO, révélateur des positions réciproques des pays membres de l'Union européenne, des relations entre l'Union européenne et ses partenaires (États-Unis, Russie, Chine et Inde) et des processus qui ont présidé aux choix technologiques de ce système qui doit, du moins en théorie, concurrencer le GPS. Pour ces projet, la maîtrise, ou parfois l'absence de maîtrise, de ces systèmes de géolocalisation implique des conséquences majeures pour les états, pour leur défense, pour leurs transports, pour la sécurité de leurs approvisionnements et pour leur économie. C'est à ce titre que des pays tels que la Chine et l'Inde se sont fortement investis pour disposer d'une maîtrise de leurs propres systèmes.

L'étude des systèmes d'information comme « révélateur » des stratégies et des enjeux, annoncés ou cachés, peut devenir un nouvel angle d'analyse, qui devra certes faire ses preuves. Cet ouvrage tentera d'en montrer, néanmoins, les perspectives.

Chapitre I

INTRODUCTION AUX SYSTÈMES DE RADIONAVIGATION : GPS, GALILEO, GLONASS ET LES NOUVEAUX ENTRANTS

Plus connus sous leur acronyme anglo-saxon de GNSS (*Global Navigation Satellite System*), les systèmes de radionavigation par satellite ont vu le nombre de leurs applications croître de manière très significative. Afin de reprendre le vocable le plus largement répandu, le terme de GNSS sera utilisé dans la suite de cet ouvrage.

1. GPS, GLOBAL POSITIONING SYSTEM

1.1. Historique du GPS

À l'origine, le système GPS est issu d'un programme militaire américain débuté en 1958 (un an après le lancement du premier satellite), contrôlé et financé par le *Department of Defense* (DoD)[1]. Ce programme visait à obtenir la position d'un mobile terrestre à partir d'émissions radio en provenance d'une constellation de satellites et en exploitant le décalage Doppler.

1. Code M NASA / DoD GPS Coordination process, NASA Headquarter, Washington DC, 27 juin 2000.

Ironie de l'histoire, c'est SPUTNIK I qui servit de premier satellite dont les signaux furent exploités.

1.1.1. Les projets de l'US NAVY

À l'instar du système de communication par satellite INMARSAT, on note que l'US Navy a eu un rôle prépondérant dans les systèmes de radionavigation par satellite, devant l'US Air force et l'US Army.

Le projet TRANSIT a été développé dans les années 1960 (à compter principalement de 1963) par le Dr. Richard Kirschner de l'université John Hopkins, au profit de l'US Navy. TRANSIT est le premier système de radionavigation à être conçu sur la base d'une constellation de satellites et à avoir une vocation de couverture continentale, voire mondiale. Ce système, basé sur l'effet Doppler (utilisé par les radars pour déterminer si le mobile s'approche ou s'éloigne, et déterminer sa vitesse), permet de positionner un point fixe avec une précision hectométrique (un peu moins de 100 mètres de précision, lors des dernières phases d'optimisation). Pour ce faire, il devait utiliser 7 satellites en orbite basse (LEO), émettant une fréquence de référence. Mais à cette époque, il n'existait pas de signal à étalement de spectre de type (CDMA, *Coded Division Multiple Access*) sur la base desquels faire un calcul de corrélation précis, et donc déterminer une position par triangulation. Le calcul était donc mené en exploitant le principe du FDOA (*Frequency Difference Of Approach*) et la mesure du décalage Doppler : la connaissance des orbites des satellites, la compensation des phénomènes relativistes (dus à la vitesse de défilement), et la connaissance de la fréquence de référence permettait de calculer une position par calcul des doppler reçus et par triangulation des différents doppler calculés. La méthode est relativement intuitive, mais elle nécessite des précisions de calculs très élevés. TRANSIT démontra que l'émission de deux fréquences simultanées permettaient de s'affranchir de la prise en compte des principaux effets perturbateurs de l'atmosphère, et cette avancée sera reprise dans tous les systèmes de radionavigation par satellite.

Dans le contexte de TRANSIT, il devient indispensable de faire des mesures longues (utilisation de filtrage particulaire par exemple), sauf à se contenter d'une précision relative. Dans ces conditions, TRANSIT devenait inemployable d'un point de vue opérationnel[1], puisque des temps de mesures importants (3 à 5 heures) et deux survols du récepteur étaient nécessaires[2]. TRANSIT peut cependant être considéré comme le précurseur du GPS et de la radionavigation par satellite, tant par son architecture que par les mécanismes de calculs qu'il propose. D'ailleurs, dès 1967, TRANSIT proposait un accès aux services de navigation aux organismes civils, préfigurant le caractère dual du GPS.

En 1968, le DoD créa le NAVSEG (*NAVigation Satellite Executive Group*) en vue de définir les meilleures orbites (constellations « rotationX/Y »), ainsi que les bandes de fréquences à employer : avant tout choix stratégique ou technologique majeur, une structure de gouvernance est mise en place, procède aux études et expertises, puis conduit le projet dans le sens d'un axe stratégique.

Le premier rapport, publié par le *Naval Research Laboratory* (NRL) de Pacific Grove, est paru en novembre 1968 alors qu'un autre projet de navigation par satellite, TIMATION, mené aussi par l'US NAVY, a été officiellement lancé en 1964. Ce document décrit les grands principes d'un système de radionavigation utilisant des satellites, en vue d'obtenir une couverture continentale ou mondiale. En effet, le JCS (*Joint Chief of Staff*) avait émis l'expression de besoin d'une capacité de localisation de ses forces armées en tout point du globe notamment pour permettre à ses sous-marins nucléaires lanceurs de missiles nucléaires de calculer leur solution de tir contre les cibles ennemies. Mais, en plus de la précision en position, il était également prévu de délivrer un signal de référence temporelle permettant une synchronisation. Il était également prévu que le système soit passif, au sens où seul le satellite devait émettre : le terminal terrestre n'avait pas à émettre le moindre signal, ne serait-ce que pour ne pas être repéré. Ce document, qui servira de socle au futur programme GPS résulte des retours d'expérience des projets TRANSIT et TIMATION. À ce stade, il s'agit principalement d'étudier l'orbitographie et la couverture satellite, tandis que les liaisons, les segments sols ou les algorithmes de calculs ne sont que peu

1. Source NASA : http://nssdc.gsfc.nasa.gov/nmc/spacecraftDisplay.do?id=TRAN1.

2. R.J. Danchik, "The navy navigation satellite system (TRANSIT)", Johns Hopkins APL Technical Digest, vol. 5, oct.-déc. 1984, p. 323-329.

développés. Toutefois, la composante *segment sol* est présentée comme un sujet majeur à traiter.

Le segment sol du projet TIMATION est une évolution du segment à double radars de sol de NAVSPASUR (*NAVal SPAce SURvey*), développé en 1961. TIMATION a également repris les technologies du système de géolocalisation expérimental MINITRACK développé par l'US Army à Fort Monmouth. Un banc de test MASER avait été développé afin de calculer précisément les erreurs de localisation du système TIMATION notamment dues aux phénomènes de propagation (trajets-multiples dans la ionosphère en particulier et autres problèmes de propagation), aux erreurs de synchronisation de l'horloge embarquée, etc. Le plan de développement du système TIMATION comportait deux satellites, suivis d'un troisième. TIMATION a notamment largement contribué à la conception et à la réalisation d'horloges atomiques susceptibles d'être embarquées sur un satellite et capables de résister aux agressions des rayonnements cosmiques et aux vibrations lors des lancements.

TIMATION I fut le premier satellite en orbite à 900 km. Son signal de calibration était fixé à 400 MHz (basse UHF), et ressemblait beaucoup au signal du système TRANSIT. Des tests de calculs de positions de navires ont été menés mais ne pouvaient pas être réalisés en temps réel, ni même en temps quasi réel (à plusieurs secondes d'intervalle).

Le satellite TIMATION II fut le premier à employer un oscillateur à quartz et une horloge atomique au Césium (et non plus du rubidium), générant un signal de référence plus fiable, incluant l'influence des rayonnements et des radiations spatiales sur le quartz. TIMATION II était placé également à 900 km d'altitude, sur une orbite polaire. Comme l'avait suggéré le programme TRANSIT, il utilisait deux signaux de référence, à 150 et 400 MHz, de sorte que les calculs de corrélation puissent réduire les erreurs de positions. Ce double signal, associé à l'amélioration du quartz, permettait d'atteindre une précision de 20 mètres d'un point de vue géographique et de 30 nanosecondes d'un point de vue temporel. TIMATION II (NTS-2) fut le premier satellite disposant de tous les systèmes nécessaires à un système complet en orbite. La séquence de référence du NTS-2 était une évolution de la porteuse pure du NTS-1 sur laquelle était diffusée en plus une séquence de données formant une séquence PN (PRNSA, *Pseudo-Random Noise Signal Assembly*).

Le satellite TIMATION III servit à tester une horloge atomique au Rubidium pour le comparer à celui de TIMATION II utilisant du Césium. Ce dernier essai confirma les résultats : le choix d'une horloge d'oscillation utilisant du Césium serait définitif. Il aura d'ailleurs été un choix crucial, car il fonde la fiabilité du système GPS en termes de références temporelle et fréquentielle. C'est le socle de la capacité de synchronisation qui garantit la précision des calculs de positions.

TIMATION III fut la dernière évolution du système dont le programme fut stoppé pour laisser place au programme GPS qui exploitera ce choix de l'horloge atomique.

TRANSIT et TIMATION ont ainsi constitué les bases des calculs d'orbitographie pour assurer une couverture satellite continue du globe, avec des mécanismes de couverture simultanée de sorte que le signal soit toujours perçu au sol. Le guidage des satellites est assuré par un système de *Side Tone Ranging* (STR), utilisant une porteuse pure (CW) et des sous-porteuses : l'envoi des sous-porteuses constitue la référence en fréquence et en phase sur laquelle devait se caler le satellite. Avec ces projets, l'US Navy aura été une contributrice essentielle des programmes de radionavigation par satellite.

1.1.2. La vision de l'US AIR FORCE

Piloté par la seule US Air Force, le projet 621B, lancé en mars 1963, fut immédiatement conçu comme un système pour des applications militaires au sol, en mer ou en phase aérienne, en trois dimensions. Il a introduit le signal PRN (*Pseudo-Random Noise*, séquence pseudo-aléatoire), comme forme d'onde pour le signal de référence, ce qui constitua un choix très novateur et décisif. En juin 1963, le colonel de l'US Air Force Francis « Duke » Kane, responsable de la planification de la division « Espace et missiles balistiques », fut nommé directeur de projet 621B qui devait s'adosser à une constellation de 24 satellites. Il recruta plusieurs spécialistes de haut niveau dans son équipe : Phillip Diamonds, Peter Soule, Alfred Bogen, James Woodford et surtout Hideyoshi Nakamura, issus du monde de l'industrie et notamment d'Aerospace Corporation. Nakamura démontra en 1966 que le récepteur devait recevoir le signal de quatre satellites simultanément pour pouvoir calculer une précision correcte. Le colonel Kane choisit les sociétés Rockwell International, Magnavox et TRW pour exercer la maîtrise d'œuvre du projet, et s'entoura d'un adjoint, le colonel Bradford Parkinson, qui devait lui succéder en 1972, puis devenir, en 1973, le directeur de programme du projet GPS.

Fort de son expérience sur ce sujet majeur, le colonel Kane fut ensuite en charge de projets de missiles balistiques (en particulier sur les composantes de guidages, acquises dans le cadre des technologies du GPS), de défense anti-missiles (synchronisation des signaux), mais aussi de lutte anti-satellites (ASAT). Ses contributions lui ont valu d'entrer au « Hall of Fame » de la base aérienne Lackland AFB de San Antonio, Texas.

Le segment sol du projet fut confié à la société Gruman, pourtant contractant habituel de l'US Navy. Les compétences acquises par Gruman dans le cadre des projets de radionavigation menés par l'US Navy ont conduit l'Air Force à retenir une société pourtant éloignée de ses préoccupations habituelles.

Le système a été globalement développé en moins de trois ans, de janvier 1970 à décembre 1972. Tout comme 621B, le GPS introduit deux capacités essentielles : d'une part, la prise en compte dans le calcul de la position de l'altitude (et non plus seulement des coordonnées de longitude-latitude), ce qui permettait d'entrevoir de réelles applications aéronautiques et balistiques (guidage missiles de croisière, navigation d'aéronefs de nuit, etc.) et, d'autre part, la volonté manifeste de concevoir des terminaux de faible volume (50 × 40 × 20 cm) et à coût réduit destinés à des véhicules ou des aéronefs, et, à terme, destinés à équiper des fantassins. Cette évolution est, elle aussi, majeure car elle ouvrait des perspectives militaires, et offrait également, de fait, des perspectives au monde civil.

1.1.3. La convergence des projets vers une direction de programme

Lorsque le projet 621B de l'US Air Force eut fusionné avec les projets TRANSIT et TIMATION, une direction de programme (JPO, *Joint Program Office*) vit le jour et constitua une sorte d'acte fondateur du GPS, en 1973. Cela reste très artificiel, car en fait la convergence a été progressive. Ce JPO fut confié au colonel Brad Parkinson lors de la conférence du Lonely Hall du 1er au 3 septembre 1973. Le projet fut appelé *Defense Navigation Satellite System* (DNSS), connu, par la suite, sous le nom de GPS (*Global Positioning System*).

La conception du système GPS a été complexe mais réussie pour sa composante architecture système (satellites, stations sol, liaisons, etc.). Il demeurait nécessaire de notifier les exigences techniques pour que les terminaux soient au niveau de fiabilité requis (durée des batteries, résistance aux chocs, résistance aux agressions climatiques) pour des applications qui initialement étaient très majoritairement militaires dans des milieux hostiles (milieu marin corrodant pour la Navy, jungle ou désert pour l'Army et le Marines Corps). Les exigences d'encombrements et de coût qui accompagnaient les contraintes de fiabilité étaient très audacieuses, mais il apparaît clairement que, dans l'esprit du commandement, tout véhicule (terrestre, maritime ou aérien), ainsi que tout groupe de personnels, devaient être à termes équipés d'un terminal GPS. L'une des clés de voûte du système GPS est en effet la réception simultanée de quatre satellites, avec une précision de cinq mètres environ[1].

Cela a impliqué des choix orbitographiques des satellites. Ainsi quatre satellites NAVSTAR devaient toujours être visibles depuis le globe (ce qui a conditionné le nombre minimum de satellites devant former la constellation, ainsi que le choix des orbites polaires). Le GPS était non seulement en mesure de fournir une localisation précise, mais aussi une référence en temps pour la synchronisation.

1.1.4. La concrétisation

Le système NAVSTAR-GPS (*Navigation System Time and Ranging - Global Positioning System*) a été conçu, financé et développé, dès 1973, par le département de la Défense des États-Unis, pour un usage strictement militaire même si techniquement les applications civiles étaient possible dès la phase de conception. De 1974 à 1979, la validation du modèle est démontrée : le premier satellite a été lancé en 1978 et un essai de tirs de missiles, cette même année, est un succès. La mise en place de la première constellation de satellites BLOCK 1 est décidée en décembre 1977 et le pre-

1. Ce signal sera par la suite « dégradé » pour les organismes civils, qui auront de fait durant plusieurs années une précision de l'ordre de 50 à 100 mètres.

mier satellite NAVSTAR Block I a été lancé le 22 février 1978. Ces premiers satellites seront lancés par des fusées A.

Satellite de type Block I.

Satellite de type Block II.

L'explosion de la navette Challenger survenue en janvier 1986 a interrompu la procédure de lancement, ce qui a entraîné une remise en cause du projet et la décision d'utiliser un lanceur spécifique, les fusées DELTA 2, pour les autres satellites[1]. Les lancements ont alors repris dès 1989. De 1989 à 1994 se tint la mise en place de la deuxième constellation de ces satellites Block II/ IIA/ IIR.

Le système a été déclaré opérationnel en 1995[2], comportant alors 28 (ou 27 selon le mois) satellites en orbite quasi circulaire autour de la Terre, formant un angle de 55° avec l'équateur et de 60° avec chacune des autres orbites à une altitude de 20 200 km (dite orbite MEO[3]), ainsi qu'un segment de contrôle au sol. Depuis 1995, la constellation comporte 24 satellites « titulaires » et 4 (ou 3) satellites de réserve (spare, activés en cas de dysfonc-

1. GPS IIR-14 Media Kit, document US Air Force-Boeing, janvier 2005, p. 27.

2. Hans Sielski, The impact of the GPS – Modernization on DAG-TM, NASA, 24 mai 2000, source NASA.

3. MEO (*Medium Earth Orbit*) ou orbite moyenne (10 000 à 22 000 km), qui se situe entre l'orbite basse (LEO, *Low Earth Orbit* : de 600 à 2 000 km) et l'orbite géostationnaire GEO (*Geosynchronous Earth Orbit* : 36 000 km). Voir ouvrage de G. Maral et G. Bousquet *Satellite communication systems*, éditions Wiley.

tionnement), assurant au système des performances stables. La période de révolution est de 1 jour sidéral (11 h 58 min). Ainsi, une constellation peut être observée deux fois par jour et chaque jour, 4 minutes plus tôt que le jour précédent [12].

Dans un premier temps, les militaires envisageaient de crypter les émissions GPS pour garantir une application strictement militaire. Mais, évaluant les perspectives commerciales estimées à quelque 7 milliards de dollars, les services GPS furent, dès la conception, adaptés à une possible utilisation civile. À cette occasion, exploitant les travaux du projet 621B, deux modes de fonctionnements furent envisagés[3] : le premier est le *Precise Positioning System* (PPS, avec codage P/Y) qui demeure un système réservé à l'armée américaine, contrôlé par les forces armées et disposant de la précision optimale (1 mètre) et surtout d'une résistance au brouillage. Un second standard, le *Standard Positioning System* (SPS, avec codage C/A), fut élaboré pour faciliter l'acquisition du signal P/Y ainsi que pour les futures utilisations civils, et pouvait être dégradé par le centre de commandement militaire américain, en fonction des situations géopolitiques. La précision du GPS passait alors de 10 à 100 m.

Le segment spatial a évolué au cours du temps et continuera à évoluer[4] . Le segment Block I comportait 11 satellites et fut mis en orbite entre le 22 février 1978 et le 10 juin1985. Fabriqués par Rockwell International, les satellites étaient prévus pour une mission moyenne de quatre ans et demi et une durée de vie de cinq ans, mais leur durée de vie moyenne s'éleva finalement à 8,76 années ; l'un d'entre eux est même resté actif pendant dix ans. Leur mission principale était de valider les différents concepts du système GPS. Aujourd'hui, plus aucun satellite du Bloc I n'est en service.

1. Lt John Crum, Ephemeris Enhancement Endeavour Briefing Notes, USAF, 2SOPS, 1997.

2. T.S. Kelso, NORAD Two-Line Element Sets, http://celestrak.com/NORAD/elements/

3. Pierre Baumann, *Le GPS : une précision toute relativiste, groupes quantiques, Institut de recherche et de mathématique avancée*, université de Strasbourg, 2007-2008.

4. http://pnt.gov/public/docs/2006-01-modernization.pdf

Les satellites[1] ont une durée de vie moyenne de 8,5 années. Ils sont régulièrement renouvelés et évoluent dans les technologies utilisées[2]. En 2012, la constellation est composée de 28 satellites de générations différentes[3] (émettant tous les mêmes signaux standardisés) : 4 du bloc II (années 1980), 18 du bloc IIA (1990-1997), et 6 du bloc IIR (depuis 1997).

Puis le standard Block II fut déployé à partir de 1989. Il constituait la constellation des premiers satellites réellement opérationnels du système GPS. De nombreuses améliorations furent apportées à ces satellites par rapport à la version Block I, notamment leur autonomie. Ils étaient capables de rester 14 jours sans contact avec le segment sol tout en gardant une précision suffisante. Neuf satellites furent lancés en 1989 et 1990. Bien qu'on ait estimé leur durée de vie à 7,5 ans, la plupart d'entre eux sont restés en fonction pendant plus de dix ans[4]. En 2014, il ne reste plus aucun satellite du Bloc II actif.

À partir de 1990, les satellites du segment Block IIA fut lancé. Ces satellites correspondaient à une version perfectionnée des satellites du Bloc II initial. Ils furent équipés pour fonctionner éventuellement en mode dégradé pour les civils (code L2)[5]. Ils étaient équipés de 2 horloges atomiques au césium et 2 horloges au rubidium. Ils ont marqué, à partir de 1993, le début de la phase opérationnelle du GPS. En 2008, 13 satellites du Bloc IIA demeuraient actifs. Le segment Block IIA fut suivi du Block IIR, dont les satellites étaient dotés d'une meilleure autonomie. Ces satellites furent mis en orbite à partir de 1996 et pouvaient se transmettre mutuellement des messages sans aucun contact au sol, permettant ainsi aux opérateurs du système de pouvoir communiquer avec des engins qui leurs étaient

1. Scott Pace, Gerald P. Frost, Irving Lachow, David R. Frelinger, Donna Fossum, Don Wassem, Monica M. Pinto, The Global positioning system – Assessing national policies, RAND, 2007, ISBN 0833023497

2. http://www.af.mil/factsheets/factsheet.asp?fsID=119

3. Doug Louden, Global positioning system status, US Cost Guard, CGSIC, 27 mai 2007.

4. Bob Aldridge, NAVSTAR : GPS satellite navigation, PLRC, 6 mars 2002. Ainsi que l'écrit l'auteur : "These satellites were designed for a 7-year service life but experience in orbit has extended that life of Block-2A satellites to 10,6 years."

5. Colonel David Madden, Enhancing satellite-based PNT for the warfighter, the Nation and the world, Stanford PNT Symposium, 11 mai 2008. Le colonel David Madden est le commandant du Global Positioning Systems Wing (GPSW), le centre des opérations gérant le système GPS.

inaccessibles par communication directe. Ils étaient équipés de 3 horloges atomiques au rubidium. Dix-huit satellites du Bloc IIR ont été lancés, le dernier le 15 mars 2008. Tous sont actifs. Les 6 derniers sont désignés sous le sigle IIR-M, émettant un nouveau code civil (L2C) et un nouveau code militaire (M).

Le standard Block IIF constitué par des satellites Follow-On, construits par Boeing Satellite System (BSS), a été lancé à partir de 2009. Le programme visait à atteindre ainsi une constellation de 33 satellites.

Enfin, le segment Block III a vocation à faire perdurer le GPS jusqu'en 2030 et au-delà. Les premières études furent lancées en novembre 2000 et complétées en mai 2008. Lockheed Martin Corporation a été désigné en 2005, pour lancer 32 satellites à partir de 2013-2014[1], représentant un peu plus de 720 millions de dollars.

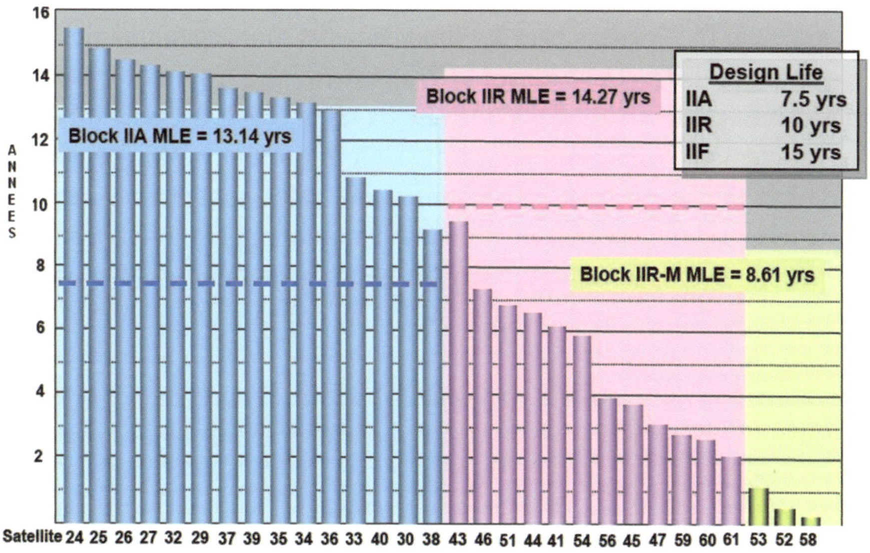

Tableau des satellites GPS (source Commandement US Air Force - NORAD).

Le segment sol permet de piloter et de surveiller le système. Il est composé de 5 stations américaines au sol, appartenant au 50th Space Wing de l'US Air Force Space Command, basé à Schriever Air Force Base dans le

1. http://www.ostic.info/docs/05_space.pdf

Colorado (Colorado Springs) dans la base de Cheyenne Mountain. Leur rôle est de mettre à jour les informations transmises par les satellites (éphémérides, paramètres d'horloge) et de contrôler leur bon fonctionnement. Schriever AFB est également le poste de commandement de NORAD (*North American Aerospace Defense Command*)[1].

Deux éléments particulièrement importants méritent d'être ici soulignés. D'une part, les concepts technologiques requis pour mettre en œuvre un tel système requièrent des moyens industriels et financiers colossaux, représentant plusieurs milliards de dollars (initialement, en 1962, le programme ne devait pas dépasser 100 millions de dollars[2]). En 2007, le coût total du programme avait été évalué à 14,089 milliards de dollars (en dollars constants 1995, date du service opérationnel du GPS)[3]. En 2011, il atteignait 18,005 milliards de dollars. Et en 2016, le coût total est estimé à 21,761 milliards de dollars (en dollars constants 1995)[4]. Depuis le début des années 2000, 15 % des coûts et des financements sont cependant désormais à la charge du DoT (*Department of Transport*). En 1994, les forces armées américaines comptaient 60 000 terminaux GPS[5]. En 2008, ce chiffre n'était plus exactement connu tant le volume était important ! De fait, seules des puissances internationales, ou a minima régionales, sont en mesure de mener de tels projets. Ce point est fondamental pour appréhender la conduite européenne du projet GALILEO, qu'aucun pays membre de l'Union européenne n'aurait pu mener seul. GALILEO ne pouvait voir le jour que dans un contexte européen.

D'autre part, dès le début du projet, les autorités américaines ont conçu le système GPS en réservant le plein potentiel à leurs seules forces mili-

1. NORAD a été créé le 1er août 1957, et est une organisation à la fois américaine et canadienne. Son commandement est d'ailleurs partagé entre ces deux États. Jusqu'à aujourd'hui, le commandement militaire, opérationnel a toujours été occupé par un officier général américain, tandis que la direction administrative échoit à un haut fonctionnaire canadien. La maîtrise de la composante militaire, quoique partagée, demeure donc prioritairement américaine.

2. Jeffrey A. Drezner and Giles K. Smith, *An Analysis of Weapon System Acquisition Schedules*, RAND, R-3937-ACQ, December 1990, p. 181.

3. *Selected Acquisition Report* (RCS: DD-COMP(Q&A)823) for the NAVSTAR GPS Program, as of December 31, 1994.

4. Selected Acquisition Report (RCS: DD-COMP(Q&A)823) for the NAVSTAR GPS Program, as of December 31, 1994.

5. The Aerospace Corporation, The Global Positioning System: A Record of Achievement, 1994.

taires – et dans une certaine limite à leurs alliés notamment britanniques[1] – en introduisant en natif les moyens de dégrader le signal, et donc les performances du système. Depuis lors, le segment sol du GPS est toujours resté sous le contrôle des militaires américains. La question de savoir si la radionavigation recèle un enjeu stratégique a été résolue par le DoD dès 1968 : en instituant le NAVSEG (*Navigation Satellite Executive Group*), et dans le cadre de la mise en œuvre de capacité de surveillance découlant du *Nuclear Non-Proliferation Treaty*, signé en 1968, sans ambiguïté, la radionavigation est un enjeu géostratégique pour les États-Unis. Le GPS a été conçu comme un instrument de souveraineté, et ses services ont été progressivement ouverts.

Outre les 21 milliards de dollars prévus jusqu'en 2016, il faut ajouter 7,5 milliards pour la modernisation du système et son passage au GPS Block III. En définitive, le système GPS devrait coûter, en 2016, au moins 30 milliards de dollars, en supposant qu'aucun dépassement ne se produise.

1.2. Fonctionnement du GPS

Le GPS fonctionne en effectuant le calcul de la distance qui sépare un récepteur GPS et plusieurs satellites. Les informations nécessaires au calcul de la position des satellites étant transmise régulièrement au récepteur, celui-ci peut, grâce à la connaissance de la distance qui le sépare des satellites, déterminer ses coordonnées.

1.2.1. Les fréquences et les formes d'onde

Les satellites envoient des ondes électromagnétiques en bande millimétrique se propageant à la vitesse de la lumière. Connaissant celle-ci (299 487 km/s), il est possible de calculer la distance qui sépare le satellite du récepteur. Pour mesurer le temps mis par l'onde pour lui parvenir, le récepteur GPS compare l'heure d'émission incluse dans le signal et celle de réception de l'onde émise par le satellite. Cette mesure, après division par la célérité du signal, fournit une pseudo-distance, assimilable à une distance, mais entachée d'une erreur de synchronisation et de dégradations dues à

1. Application de la norme ITAR International Traffic in Arms Regulations, qui découle de l'*Arms Control Export Act* (ACEA) et du *Code of Federal Regulation* (CFR).

la traversée de l'atmosphère. L'erreur d'horloge peut être modélisée sur une période assez courte à partir des mesures sur plusieurs satellites.

Connaissant les positions des satellites à l'heure d'émission des signaux, et les pseudo-distances mesurées (éventuellement corrigées de divers facteurs), le calculateur du récepteur est en mesure de résoudre un système d'équations dont les quatre inconnues sont la position du récepteur (trois inconnues : latitude x, longitude y, cote z) et le décalage de son horloge par rapport au temps GPS. Ce calcul est possible dès que l'on dispose des mesures relatives de quatre satellites[1] ; un calcul en mode dégradé est possible avec trois satellites seulement si l'altitude est connue. Lorsque plus de quatre satellites sont visibles (80 % du temps), le système d'équations à résoudre est surabondant et la précision du calcul est améliorée.

La précision de la position obtenue dépend, toutes choses égales par ailleurs, de la géométrie du système : si les satellites visibles se trouvent tous dans un cône d'observation de faible ouverture angulaire, la précision sera *a priori* moins bonne que s'ils sont répartis régulièrement dans un large cône. Les effets de la géométrie du système de mesure sur la précision sont décrits par le DOP (pour *Dilution Of Precision* : atténuation ou diminution de la précision[2]) : le « HDOP » se réfère à la précision horizontale (H : horizontal), le « TDOP » à la précision sur le temps (T : time), le « VDOP » (V : vertical) à la précision sur l'altitude. La précision espérée est d'autant meilleure que le DOP est faible.

Les satellites GPS émettent plusieurs signaux codés par étalement CDMA, à destination civile ou militaire. Le signal civil d'utilisation libre correspond au code C/A, émis sur la porteuse de fréquence porteuse sur 1 575 MHz. Sur cette porteuse le signal de modulation est une séquence ré-

1. Cours de l'École nationale supérieure de constructions aéronautiques (ENSICA), 2007. Avec 4 satellites, la position peut se calculer grâce à l'algorithme de Bancroft. Avec plus de 4 satellites, une optimisation par méthode des moindres carrés peut être employée : Stephen Bancroft, "An algebraic solution of the GPS equations", *IEEE Transactions on Aerospace and Electronic Systems* 21, 1985, p. 56-59. Les solutions sont les racines d'un polynôme résultant d'un pseudo produit scalaire de Lorentz.

2. Le paramètre de *dilution of precision* résulte des erreurs de mesures de temps, qui induisent des erreurs sur les directions d'origine du signal. Le standard NMEA, *National Marine and Electronics Application*, indique que la valeur estimée du DOP figure dans la trame GGA et dans la trame GSA. Dans la trame GSA sont présentes les valeurs de précision du DOP, de DOP horizontal et de DOP vertical.

sultant de l'addition modulo 2 du code pseudo-aléatoire C/A à 1 Mchip/s et des données à 50 Bauds contenant les éphémérides des satellites et d'autres informations de navigation. C'est ce code C/A qui sert dans les récepteurs par corrélation avec le signal reçu à déterminer l'instant exact d'émission de celui-ci.

Il fut prévu dès le départ que cet instant d'émission de référence du code C/A puisse être modulé, à nouveau par un code pseudo-aléatoire, pour dégrader la détermination de position au sol[1]. Ce codage appelé *selective availability* (SA), pouvait faire passer la précision du système de 10 m environ à 100 m[2] et fut abandonné le 1er mai 2000 à minuit sous la pression des utilisateurs civils[3], et surtout en raison du développement du DGPS qui le rendait totalement caduque :

THE WHITE HOUSE Office of the Press Secretary
For Immediate Release May 1, 2000
STATEMENT BY THE PRESIDENT REGARDING THE UNITED STATES' DECISION TO STOP DEGRADING GLOBAL POSITIONING SYSTEM ACCURACY

Today, I am pleased to announce that the United States will stop the intentional degradation of the Global Positioning System (GPS) signals available to the public beginning at midnight tonight. We call this degradation feature Selective Availability (SA). This will mean that civilian users of GPS will be able to pinpoint locations up to ten times more accurately than they do now. GPS is a dual-use, satellite-based system that provides accurate location and timing data to users worldwide. My March 1996 Presidential Decision Directive included in the goals for GPS to: "encourage acceptance and integration of GPS into peaceful civil, commercial and scientific applications worldwide; and to encourage private sector investment in and use of U.S. GPS technologies and services". To meet these goals, I committed the U.S. to discontinuing the use of SA by 2006 with an annual assessment of its continued use beginning this year.

1. Yola Giorgiadou, Kenneth D. Doucet, The issue of selective availability, GPS World, octobre 1990.
2. http://www.ngs.noaa.gov/FGCS/info/sans_SA/docs/GPS_SA_Event_QAs.pdf, p. 3.
3. Reha M. Alkan, GPS single point positioning without selective availability, US Hydrographis conference, 22-24 mai 2001.

The decision to discontinue SA is the latest measure in an on-going effort to make GPS more responsive to civil and commercial users worldwide. Last year, Vice-President Gore announced our plans to modernize GPS by adding two new civilian signals to enhance the civil and commercial service. This initiative is on-track and the budget further advances modernization by incorporating some of the new features on up to 18 additional satellites that are already awaiting launch or are in production. We will continue to provide all of these capabilities to worldwide users free of charge.
My decision to discontinue SA was based upon a recommendation by the Secretary of Defense in coordination with the Departments of State, Transportation, Commerce, the Director of Central Intelligence, and other Executive Branch Departments and Agencies. They realized that worldwide transportation safety, scientific, and commercial interests could best be served by discontinuation of SA. Along with our commitment to enhance GPS for peaceful applications, my administration is committed to preserving fully the military utility of GPS. The decision to discontinue SA is coupled with our continuing efforts to upgrade the military utility of our systems that use GPS, and is supported by threat assessments which conclude that setting SA to zero at this time would have minimal impact on national security. Additionally, we have demonstrated the capability to selectively deny GPS signals on a regional basis when our national security is threatened. This regional approach to denying navigation services is consistent with the 1996 plan to discontinue the degradation of civil and commercial GPS service globally through the SA technique. Originally developed by the Department of Defense as a military system, GPS has become a global utility. It benefits users around the world in many different applications, including air, road, marine, and rail navigation, telecommunications, emergency response, oil exploration, mining, and many more. Civilian users will realize a dramatic improvement in GPS accuracy with the discontinuation of SA. For example, emergency teams responding to a cry for help can now determine what side of the highway they must respond to, thereby saving precious minutes. This increase in accuracy will allow new GPS applications to emerge and continue to enhance the lives of people around the world.

En réalité, cette limitation conserve tout son sens d'un strict point de vue militaire car les missiles de croisière et les bombes guidées GPS ne sont pas en mesure d'exploiter les améliorations du DGPS[1]. Concrètement,

1. Richard L. Garwin, Precision munition and the systems in which they are embedded – GPS, mapping, high resolution radar, and non-lethal weapon, XV Almadi conference, Helsinky, 25-27 septembre 2003.

la précision des missiles de croisière et des bombes guidées par GPS peut être singulièrement atténuée en cas d'activation de la dégradation du signal (SA, *Signal Accuracy*)[1] : la notion de « SA » traduit ainsi la possibilité par les autorités américaines de dégrader le signal, même si jusqu'à présent elle n'a jamais été utilisée. Cette possibilité reste donc toujours présente et doit demeurer à l'esprit des utilisateurs, notamment étatiques.

1.2.2. La mise en correspondance géodésique

Pour que les données soient exploitables, il faut convertir les données (X, Y, Z) de l'espace de Copernic, en un trigramme exploitable « latitude, longitude, altitude ».

Le récepteur GPS effectue cette conversion par défaut dans le système géodésique « WGS84 » (*World Geodetic System 84*), système de référence globale répondant aux objectifs d'un système mondial de navigation. Ce système de référence est le plus usité dans le monde. À noter que l'altitude généralement fournie n'est pas toujours directement exploitable, car l'altitude par rapport à l'ellipsoïde du système géodésique WGS84 peut s'écarter assez sensiblement du géoïde de référence[2]. Les récepteurs les plus élaborés disposent d'un modèle de géoïde, et indiquent une altitude comparable à celle des cartes. Les coordonnées obtenues peuvent naturellement être exprimées dans un autre système géodésique propre à une région ou un pays, ou même dans un autre système de projection. En France, le système de référence NTF (Nouvelle Triangulation de la France), créé en 1889 est peu à peu abandonné depuis 1992. Le système géodésique officiel est désormais le RGF93 (Réseau géodésique français), mis en place en 1993 et utilisant la projection dite de Lambert[3]. Il diffère assez peu du WGS 84.

Comme le calcul des coordonnées géographiques du récepteur intègre obligatoirement le calcul du décalage de l'horloge du récepteur par rapport

1. Anthony Abbott, GP/inertial navigation for precise weapon, deliveryhttp://www.aero.org/publications/crosslink/summer2002/05.html. Les erreurs sont définies sur le lien http://www.aero.org/publications/crosslink/summer2002/05_sidebar2.html

2. Cf. site du National Geospatial Intelligence agency http://earth-info.nga.mil/GandG/publications/ qui propose des méthodes de correction : http://earth-info.nga.mil/GandG/publications/tr8350.2/tr8350.2-a/Chapter%206.pdf

3. Le RGF 93 est le système géodésique de référence en France, depuis le décret n° 2000-1276 du 26 décembre 2000.

au temps GPS, l'heure indiquée par cette horloge est donc précisément soit le temps UTC soit le temps légal en usage à l'emplacement du récepteur. La fréquence de l'oscillateur peut être utilisée pour asservir précisément un système extérieur en fréquence ou synchroniser des horloges éloignées. C'est le cas par exemple de réseaux de télécommunications dont les équipements nécessitent une fréquence avec une stabilité spécifiée pour fonctionner correctement. Beaucoup de réseaux à travers le monde ont ainsi adopté progressivement une synchronisation par des récepteurs GPS.

1.3. Bandes et formes d'ondes militaires du GPS

Le Precise Positioning System (PPS) est la version GPS réservée à l'armée américaine, contrôlé par les forces armées et disposant de la précision optimale (1 mètre). Le PPS utilise deux fréquences L1 = 1 575,42 MHz et L2 = 1 227,60 MHz, associées au code P/Y qui est modulé sur ces deux fréquences. Le code P(Y) est un code CDMA standard (code P), qui peut être chiffré (code Y crypté)[1]. Le service PPS est réservé aux forces armées et agences gouvernementales des États-Unis. Les autorités américaines assurent la disponibilité de ce service pour les pays de l'OTAN ainsi qu'aux alliés des États-Unis[2]. Néanmoins le choix des alliés bénéficiant de ces services demeure à l'entière discrétion du gouvernement américain. Le code Y permet d'éviter que des tentatives de corruptions des données GPS puissent avoir lieu, opérations appelées deception en guerre électronique.

Le code P offre de meilleures performances que le code C/A en termes de précision de la mesure, de résistances aux interférences et de lutte contre le brouillage[3]. Les terminaux PPS ne sont pas distribués en vente libre, et sont réservés aux seuls utilisateurs autorisés.

Le code P(Y) étant devenu trop restrictif pour les applications militaires depuis 2003, le système GPS s'est doté d'un nouveau code, le code M. Dif-

1. Cours de Sylvain Loyer, « Les mesures GPS », Noveltis, Observatoire de la Côte d'Azur.

2. Use of global positioning system precise positioning service in domestic and international airspace, 9th meeting on communications/navigation/ surveillance and meteorology, sub-group of APANPIRG - CNS/MET SG/9 - Bangkok, Thaïlande, 11-15 juillet 2005 (communication du DoD).

3. Börje Forssell, Trond Birger Olsen, *Jamming GPS: Susceptibility of Some Civil GPS Receivers*, in GPS World, vol. 14, No. 1, January 2003, p. 54-58, http://www.gpsworld.com/gpsworld/article/articleDetail.jsp?id=43432

fusé sur les fréquences L1 et L2, le code M permet d'améliorer la résistance aux brouillages et aux leurrages intentionnels[1]. Ce nouveau code paraît parfaitement adapté, d'une part, aux forces spéciales (services adaptés) et d'autre part aux missiles de croisière et autres munitions guidées en phase terminale. En effet, l'utilisation d'un code en contexte de bulle de brouillage et la capacité à se resynchroniser très rapidement semble dénoter, très probablement, une application visant des infrastructures bien protégées et des vecteurs rapides.

1.4. GPS Différentiel et autres améliorations du GPS

1.4.1. Le GPS Différentiel, DGPS

Il existe des dispositifs comme le GPS différentiel (DGPS, *Differential Global Positioning System*), qui permettent d'améliorer la précision du GPS en réduisant la marge d'erreur du système.

Le principe du DGPS est basé sur le fait qu'en des points voisins, les effets des erreurs de mesure, comme d'ailleurs les effets des erreurs ajoutées volontairement, sont très semblables : en observant en un point connu les fluctuations des mesures, et en les transmettant à un récepteur observant les mêmes satellites, il devient possible de corriger une grande partie des erreurs de mesure, qu'elles soient liées au satellite (horloge), aux conditions de propagation (effets troposphériques, etc.) ou à des fluctuations volontaires du signal émis[2]. La précision peut ainsi passer de 10 à 20 mètres, environ à 5 à 3 mètres sur une zone importante (plusieurs centaines de kilomètres). Il est même possible d'atteindre une précision métrique sur une zone de 100 mètres de côté. Le DGPS est basé sur un ensemble de stations fixes dont la position est connue précisément et qui reçoivent les signaux des mêmes satellites que les terminaux mobiles présents dans leur zone d'action. Ces stations estiment en permanence l'erreur locale de position

1. Richard B. Langley, Iraq and GPS: some frequently asked questions, University of New Brunswick, 13 mars 2003.

2. Gene w. Hall, *USCG differential gps navigation service*, US Department of homeland security, http://www.navcen.uscg.gov/

du GPS en comparant la position calculée avec leur position réelle. Cette information est ensuite transmise par liaison radio ou par satellite[1].

Le mode « différentiel » existe en plusieurs variantes. La plus élaborée utilise la mesure de la phase des signaux reçus (dite méthode GPS RTK pour *GPS Real Time Kinematic*, proposé par l'équipementier THALES). À partir d'une station située sur un point connu distant de quelques kilomètres, le GPS RTK rend ainsi possible l'obtention des positions précises à quelques décimètres près dans les trois dimensions (GPS géodésique ou cinématique). Cela est extrêmement précis et permet une utilisation pour des implantations en topographie. Des logiciels de traitement très élaborés utilisés en temps différé autorisent même depuis 2000 d'atteindre une précision de quelques centimètres[2]. Cet algorithme est utilisable pour tout système de radionavigation, mais dans le cas particulier du GPS, le système est alors appelé *Carrier-Phase Enhancement*, CPGPS.

1.5. L'extension SBAS

Actuellement, en utilisant certaines techniques particulières de couplage de signaux (GPS différentiel notamment), la précision peut atteindre le mètre. Cependant, dans son utilisation la plus courante (i.e. utilisation par des non professionnels), elle est de l'ordre de 5 à 30 mètres, voire 50 mètres[3] dans le pire des cas. Le GPS a été développé au départ pour une utilisation militaire. L'une de ses principales applications est de faire suivre un itinéraire bien précis à des missiles guidés, se recalant régulièrement grâce à une centrale inertielle[4]. Depuis le début des années 1990, certains tests ont démontré la précision des missiles de croisière américains frappant des cibles

1. Chen Yaqin; Ma Xiang; Guo Jingjun; Zhou Aisheng; Wang Xin; Li Shukai, Development of DGPS system based on FM subcarrier data link, Microwave and Millimeter Wave Technology, 2000, 2nd International Conference on. ICMMT 2000 Volume , Issue , 2000 Page(s):408 - 411

2. http://www.cetmef.developpement-durable.gouv.fr/projets/simulexploit/aphy/DGPS_et_RTK_V2.pdf, avec le logiciel RTK.

3. Dr. Alison Brown, Randy Silva, Gengsheng Zhang , *Test Results of a High Gain Advanced GPS Receiver*, ION 55th Annual Meeting, Cambridge, MA, June 1999.

4. Scott Pace, Gerald P. Frost, Irving Lachow, David R. Frelinger, Donna Fossum, Don Wassem, Monica M. Pinto, The Global positioning system – Assessing national policies, RAND, 2007, ISBN 0833023497 chapitre III, p. 58 et suivantes.

au mètre près (missile Tomahawk). La guerre du Golfe en 1991 l'a illustré en conditions opérationnelles.

Des systèmes complémentaires d'amélioration de la précision ont été développés, connus sous le terme générique de SBAS, Satellite based augmentation system[1]. La désignation du SBAS peut varier selon la zone géographique : WAAS en Amérique du Nord, MSAS au Japon ou EGNOS en Europe. EGNOS a été développé par l'Union européenne en mettant en œuvre un réseau de quarante stations sol dans toute l'Europe[2], couplé à des satellites géostationnaires, ce qui améliore la fiabilité et la précision des données du GPS[3].

Certains de ces systèmes sont privés, et nécessitent un abonnement auprès d'un opérateur qui les diffuse (généralement par satellite), alors que d'autres sont publics. Ces systèmes ont généralement une couverture limitée (région, pays), et leur précision demeure variable.

1.6. Ouverture au monde civil

Le GPS, développé dans le contexte de guerre froide, avait à la base une utilisation militaire[4]. Tout comme Internet, il s'est très vite répandu sur le marché civil. Cette évolution est liée au caractère poreux des frontières entre les secteurs civils et militaires aux États-Unis[5], où il existe une véritable interpénétration des deux mondes. D'ailleurs, le directeur de programme GPS qui succéda au colonel Parkinson en 1974 fut son adjoint, Ed Lassiter, membre d'Aerospace Corporation, consortium privé fondé par Ivan Getting regroupant de nombreux industriels américains de l'aéro-

1. H. Cabler, B. DeCleene, *LPV: New, Improved WAAS Instrument Approach*, Proceedings of ION GPS-2002, Portland, 2002.

2. T. Walter, P. Enge, *The Wide Area Augmentation System*, Chapter 4.1 in EGNOS the European Geostationary Navigation Overlay System – A cornerstone of GALILEO, ESA Publication SP-1303, 2006.

3. J. Rife, T. Walter, J. Blanch, *Overbounding SBAS and GBAS error distributions with excess-mass functions*, Proceedings of the 2004 International Symposium on GPS/GNSS, Sydney, Australia, 2004.

4. Scott Pace, Gerald P. Frost, Irving Lachow, David R. Frelinger, Donna Fossum, Don Wassem, Monica M. Pinto, The Global positioning system – Assessing national policies, RAND, 2007.

5. Scott Pace, Gerald P. Frost, Irving Lachow, David R. Frelinger, Donna Fossum, Don Wassem, Monica M. Pinto, The Global positioning system – Assessing national policies, RAND, 2007, chapitre IV.

nautique, dont plusieurs étaient contractants du Pentagone… pour le programme GPS. Dès la phase de conception, le GPS prévoyait la possibilité d'une ouverture au monde civil. Il restait à en avoir l'opportunité.

Le 31 août 1983, le vol KAL007 fut abattu au-dessus du Pacifique par un chasseur soviétique, après avoir survolé l'URSS suite à une erreur de navigation. Après cette catastrophe qui fit 269 victimes dans la nuit du 31 août au 1er septembre, le président Reagan, lors de son allocution télévisée du 4 septembre, indiqua que le « nouveau système de localisation » (sans explicitement donner le nom de GPS) serait ouvert au secteur civil afin d'éviter une nouvelle tragédie de ce type. Par un partenariat – mémorandum révisé et réactualisé en octobre et novembre 2008[1] – avec le ministère américain des Transports (*Department of Transport*), le DoD acceptait que les services GPS soient ouverts au monde civil[2], ce qui était techniquement possible depuis la conférence du Lonely Hall du 3 septembre 1973.

2. GALILEO, SYSTÈME DE RADIONAVIGATION EUROPÉEN

2.1. Historique de GALILEO

GALILEO est le nom du programme européen de radionavigation par satellites, lancé à l'initiative de la Commission européenne et développé conjointement avec l'Agence spatiale européenne (ESA). Il devait mener au développement d'une nouvelle génération de services universels dans des secteurs tels que les transports, les télécommunications, l'agriculture ou la pêche[3]. À la différence fondamentale du programme NAVSTAR GPS, le programme GALILEO fut et reste administré et contrôlé par le pouvoir civil[4], et offre une garantie de qualité et de continuité qui est essentielle pour de nombreuses applications, sans limites géographiques. Les militaires ne sont que des clients comme les autres des services offerts.

1. "Memorandum of agreement between the Department of Defense and the Department of Transportation, Civil use of the global positioning system", 3 novembre 2008.

2. Communiqué du DoT, US Department of Transportation, 27 février 1997.

3. ESA (European space agency), Les premiers satellites GALILEO : élément de validation en orbite de GALILEO, Division publication de l'ESA, Pays-Bas, 2006.

4. *Recommandation n° 821 sur des systèmes spatiaux pour la sécurité européenne : GMES et GALILEO*, Assemblée européenne de sécurité et de défense, assemblée de l'Union de l'Europe occidentale (UEO) le 4 juin 2008, au cours de sa 3e séance plénière.

Complémentaire des systèmes actuels, GALILEO doit augmenter la fiabilité et la disponibilité des services de navigation et de localisation déjà offerts (GPS ou GLONASS)[1]. GALILEO doit suivre et compléter EGNOS (*European Geostationary Navigation Overlay Service*) (système européen de navigation par recouvrement géostationnaire). EGNOS est un SBAS européen développé dans le but d'améliorer les performances du GPS et de le rendre ainsi utilisable pour améliorer la sécurité du transport aérien, le système GPS seul n'étant pas jugé assez fiable[2]. EGNOS représente la première étape de la stratégie européenne en termes de navigation par satellites et prépare ainsi l'arrivée de GALILEO. GALILEO intégrera, en un seul système, l'ensemble des fonctions GPS et EGNOS, qui seront alors disponibles sans limites géographiques et sans restriction de performances. *De facto*, l'indépendance de GALILEO par rapport au GPS sera donc relative : GALILEO utilisera, certes partiellement, le GPS.

La genèse du système GALILEO a été délicate. Les difficultés technologiques ont eu une proportion marginale au regard des désaccords politiques. Le projet GALILEO a été initié à la fin des années 1990, et il est possible d'établir sa genèse ou au moins son principe au forum « Vers un réseau transeuropéen de positionnement et de navigation comprenant une stratégie européenne pour un système global de navigation par satellites GNSS », qui se déroula à Bruxelles le 21 janvier 1998, et devint ensuite une communication de l'Union européenne.

Il a reçu une forte impulsion après l'adoption du règlement (CE) n° 876/2002 du Conseil du 21 mai 2002[3] et la création, en juillet 2003, de l'entreprise commune GALILEO, entre l'Agence spatiale européenne (ESA) et la Commission européenne, en vue de gérer, d'une part, la phase de sélection des candidats et, d'autre part, la phase d'adjudication et de négociation

1. Jean Lizon-Tati, d'après une conférence de Sylvain Loddo (ESA), « Le projet européen GALILEO de navigation par satellite : une multiplicité de services », dans *La Lettre AAAF*, n° 1, janvier 2005.

2. http://ec.europa.eu/dgs/energy_transport/GALILEO/doc/GALILEO_leaflet_fr.pdf

3. http://ec.europa.eu/dgs/energy_transport/GALILEO/doc/r876_2002_fr.pdf

du contrat de concession. Sur décision de la Commission européenne, cette concession devait suivre la logique d'un partenariat public-privé (PPP)[1].

La Commission européenne avait prévu d'investir dans le projet environ 1,1 milliard d'euros, tandis que les capitaux privés devaient se monter à environ 2,3 milliards d'euros. Les partenaires privés adjudicataires de la concession devaient s'engager, aux termes du contrat, à mettre en orbite 26 satellites et à gérer le fonctionnement de l'ensemble du système, incluant la maintenance et l'exploitation commerciale pour une durée de vingt ans. Sur la base d'un tel PPP, avec un résultat total estimé à environ 9 milliards d'euros, les partenaires privés devaient couvrir les frais financiers, la rémunération du capital privé et le coût global du projet, pour un montant estimé à 7 milliards d'euros[2].

La concession a été adjugée en 2005 à un consortium regroupant les entreprises les plus importantes du secteur[3] : EADS (Allemagne et France), Alcatel Alenia Space (France et Italie), Inmarsat (Royaume-Uni), Hispasat (Espagne), puis Teleop (Allemagne)[4]. En 2005, avait aussi été lancé le programme (d'une valeur d'environ 1,1 milliard d'euros) de validation en orbite de quatre satellites prototypes. Ce programme avait été confié à l'Agence spatiale européenne, et se poursuivait toujours en 2012. L'accord préliminaire entre ce consortium industriel privé et l'entreprise commune GALILEO a été signé en décembre 2005. Pour poursuivre la phase de négociation et parvenir à la formulation du contrat définitif de concession, l'Autorité de surveillance du GNSS (*GNSS Supervisory Authority*, GSA), implantée provisoirement à Bruxelles, avait été créée. Cette Autorité, qui remplace l'Entreprise commune GALILEO, est devenue l'organe de la Commission européenne chargé de passer le contrat définitif de concession et de veiller à sa bonne exécution.

1. Vincent Gabaglio, « Le contenu et les priorités du domaine GALILEO », Technical Division, GALILEO Joint Undertaking, journée d'information, 7th FP, Marne-la-Vallée, 21 novembre 2006.

2. Vincent Gabaglio, *op. cit.*

3. GALILEO vue du concessionnaires, ULISS, 6 mars 2007.

4. Communication de la Commission au Parlement européen et au Conseil, état des lieux du programme GALILEO, COM(2006) 272 final, Bruxelles, le 7/6/2006.

Néanmoins, la négociation du contrat avec le consortium a échoué en 2007 [1]. Un coup d'arrêt a donc été donné au projet de navigation satellitaire GALILEO en raison de multiples facteurs, mais principalement en raison des mécanismes de financement de l'ensemble du programme. En particulier, des divergences entre les membres du consortium privé sont apparues au sujet de leurs parts respectives dans les travaux et dans l'infrastructure nécessaires à la réalisation de GALILEO, ainsi que sur les modalités relatives à la création de la société de gestion. Des dissensions sont également apparues au sujet de la nomination et des pouvoirs de l'administrateur délégué. La principale pierre d'achoppement concernait, en pratique, les retombées économiques attendues.

En outre, le choix de la structure contractuelle basée sur le financement public-privé, opéré par la Commission européenne ne s'est pas finalement avéré judicieux. Un transfert approprié des risques sur les industriels est apparu de moins en moins plausible à mesure que le projet prenait de l'extension[2]. L'échec de toutes les tentatives de conciliation entre les entreprises participant au consortium a conduit la Commission, le 19 septembre 2007, à formuler une proposition de modification des prévisions budgétaires de l'Union pour la période 2007-2013 : il s'agissait de trouver 3,4 milliards d'euros nécessaires pour garantir la bonne mise en œuvre du programme[3]. Le Conseil était surtout parvenu à un accord sur les modalités selon lesquelles la Commission devrait gérer les passations de marchés liées à l'exécution du programme GALILEO. Le point d'équilibre qui a été trouvé tendait à concilier le principe de la libre concurrence entre les groupes industriels technologiquement les plus avancés et les plus compé-

1. Communication de la Commission au Parlement européen et au Conseil, *GALILEO à la croisée des chemins : la mise en œuvre des programmes européens de GNSS*, Com(2007)261 Final, Bruxelles, 16 mai 2007. À noter que le seul titre de cette communication est évocateur des inquiétudes de la Commission, habituellement peu enclin à évoquer une « croisée des chemins » sur un sujet stratégique.

2. Communication de la Commission au Parlement européen et au Conseil, *Faire avancer le programme GALILEO : réaménagement des programmes européens de radionavigation par satellite (GNSS)*, COM(2007) 534 final, Bruxelles, le 19 septembre 2007.

3. Communication relative à la révision du cadre financier pluriannuel et proposition de décision du Parlement européen et du Conseil modifiant l'accord interinstitutionnel du 17 mai 2006 sur la discipline budgétaire et la bonne gestion en ce qui concerne le cadre financier pluriannuel - COM(2007) 549 du 19 septembre 2007.

titifs avec la nécessité de garantir la répartition géographique et nationale des commandes. Les décisions prises prévoyaient que les marchés seraient divisés en six tranches ou segments, d'une valeur globale de 3,4 milliards d'euros. Aucune entreprise ne pouvait être contractant principal de plus de deux segments et obligation était faite de sous-traiter au moins 40 % des commandes. Ce mécanisme a été retenu afin de garantir une répartition géographique équitable des contrats en empêchant qu'un seul pays s'adjuge la grande majorité des commandes. Les six segments étaient les suivants : satellites, ingénierie des systèmes, infrastructures sol/sol, infrastructures des autres missions au sol, structures de lancement et gestion opérationnelle du système.

Grâce à la décision du Conseil pour les affaires économiques et financières (ECOFIN) et du Parlement européen le 23 novembre 2007 sur le financement du programme[4], la Commission a pu passer à la réalisation des phases des programmes européens GALILEO et EGNOS.

Comme l'avait proposé la Commission, la phase suivante, à savoir le développement de GALILEO, serait mise en œuvre et financée intégralement par l'Union européenne. Cette phase comportait la mise en service opérationnel d'EGNOS (prévu en 2009 mais reportée à 2013-2014) ainsi que la passation de marchés pour le système GALILEO, ce qui devait conduire à la pleine exploitation de ce dernier à partir, au mieux, de 2013. EGNOS a été mis en service en mars 2011, avec près de cinq ans de retard (l'entrée en service était prévue fin 2005).

Après de longues discussions avec les États membres à l'automne 2007, le Conseil « Transports », réuni les 29-30 novembre 2007, est parvenu à une conclusion d'une portée historique sur les développements futurs du programme GALILEO, et plus précisément sur les aspects relatifs aux passations de marchés (adjudications) et à la gouvernance. Le Conseil « Transports » avait été saisi d'une proposition de nouveau règlement pour les phases suivantes de réalisation du programme GALILEO. Lors de la séance

4. Communication de la Commission au Parlement européen, « Position commune du Conseil sur l'adoption d'une proposition de règlement du Parlement européen et du Conseil établissant l'Institut européen d'innovation et de technologie », conformément à l'article 251, paragraphe 2, deuxième alinéa, du traité CE, COM(2008) 52 final, Bruxelles, le 29 janvier 2008.

du 7 avril 2008[1], les ministres des Transports de l'UE s'étaient déclarés favorables à la proposition de règlement relatif à la mise en œuvre de GALILEO, étape préalable à l'exécution de son budget et à l'introduction d'une nouvelle structure de gestion du projet[2].

La mise en œuvre des structures analysées et le calendrier annoncé semblaient cependant très optimistes, car la Commission européenne n'avait aucune expérience de gestion d'un tel programme spatial. Trente à quarante experts devaient mettre en place les structures administratives – ce qui semblait incompatible avec une mise en service rapide de GALILEO – et piloter le projet. Ce nombre était adapté à la représentation nationale de chaque pays membre mais ne reflétait pas une réelle équipe projet (pour le GPS, l'équipe de programme du JPO comptait une dizaine de personnes. Quarante faisaient partie du deuxième cercle). De fait, l'échéance annoncée de 2013 n'est plus d'actualité, et des analystes techniques estiment qu'un glissement du projet de 2 à 5 ans est probable (donc pas avant 2015).

Une estimation donne plus de 250 millions d'utilisateurs européens d'ici 2020 et plus de 300 milliards d'euros de revenus mondiaux provenant de la vente de produits. Le coût estimé du programme est de l'ordre de 3 à 4 milliards d'euros. Les frais d'exploitation annuels sont estimés à 250 millions d'euros. Mais, en comparaison du GPS, il semble que ces prévisions soient plutôt optimistes[3].

2.2. Caractéristiques de GALILEO

GALILEO a été conçu sur la base de cinq services pour divers groupes d'utilisateurs finals.

Le service ouvert (*Open Service*, OS) devait fonctionner sur deux bandes de fréquence : 1 164 à 1 214 MHz et 1 563 à 1 591 MHz. Un récepteur de-

1. http://www.consilium.europa.eu/ueDocs/cms_Data/docs/pressData/fr/trans/99719.pdf

2. Council Of The European Union, *Proposition modifiée de règlement du Parlement européen et du Conseil relatif à la poursuite de la mise en œuvre des programmes européens de radionavigation par satellite (EGNOS et GALILEO)*, 13113/07, Bruxelles, 26 septembre 2007.

3. Rapport d'information déposé par la délégation de l'Assemblée nationale pour l'Union européenne sur l'exécution des programmes européens de radionavigation par satellite - GALILEO et Egnos (E 3657 et E 3691) n° 440 déposé le 28 novembre 2007 par Bernard Deflesselles et Michel Delebarre. Les auteurs y rappellent, avec insistance, l'impérieuse nécessité de respecter les calendriers prévus.

vait utiliser les deux bandes de fréquence pour obtenir une précision horizontale de moins de quatre mètres et une précision verticale de moins de huit mètres. Si le récepteur n'utilisait qu'une des deux fréquences, il aurait obtenu une précision horizontale de moins de cinq mètres et une précision verticale de moins de 35 mètres, ce qui équivaut aux performances de l'actuel GPS [1]. Ce service a cependant été remisé.

Un deuxième service, le service de sûreté de la vie (*Safety Of Life*, SOL)[2] doit être un service garanti pour les secteurs du transport maritime et aérien. Ce service comportera une série de tests d'intégrité des données, qui permettront d'aviser l'utilisateur d'un éventuel dysfonctionnement ou d'un écart de positionnement trop important (la moindre erreur sur les données reçues pouvant avoir de graves conséquences).

Le service commercial (CS, *Commercial Service*)[3], troisième service offert, doit offrir une précision plus importante et un débit de données supérieur pour des utilisations professionnelles. En échange d'une redevance versée à l'opérateur GALILEO, il offrira de nombreux services à valeur ajoutée. Ce service utilisera les deux bandes de fréquence du service ouvert, ainsi qu'une bande de fréquence supplémentaire de 1 260-1 300 MHz, ce qui permettra une précision inférieure au mètre. Les signaux du service commercial pourront également être complétés par des signaux provenant de stations terrestres pour atteindre une précision inférieure à dix centimètres. Les abonnements à ce service doivent assurer l'essentiel du financement de GALILEO.

Le service public réglementé (PRS, *Public Regulated Service*)[4] sera le quatrième service, réservé aux utilisateurs publics et gouvernementaux pour des applications stratégiques qui nécessitent une continuité de service en cas de crise et une résistance aux tentatives de brouillage. Seuls les uti-

1. M. Martin-Neira, R. Lucas, A. Garcia, M. Tossaint, F. Amarillo, *The Development of High Precision Applications with GALILEO*, colloque ISPRS, Pékin, 2008.

2. Christian Simonini, « THALES Avionics et le futur système de radionavigation par satellites Européen GALILEO », colloque ESISAR, Institut national de physique de Grenoble (INPG), septembre 2007.

3. European Commission, "Status of GALILEO and EGNOS Programmes", *11th Air Navigation Conference*, AN-Conf/11-IP/50, Montreal, 22 septembre-3 octobre 2003. Voir annexe "overview of GALILEON signal structure".

4. European Commission, op. cit.

lisateurs autorisés auront accès à ce service crypté, à travers des terminaux spécifiques.

Enfin, le service de recherche et secours (*Search and Rescue Service*, SAR)[1] relaiera les appels d'urgence et représentera ainsi la contribution européenne au système mondial de coopération humanitaire COSPAS-SARSAT.

Comme il s'agira d'un système de navigation par satellite de seconde génération (GPS et GLONASS faisant partie de la première génération), GALILEO offrira une amélioration substantielle des signaux et une plus grande résistance aux réflexions atmosphériques et aux tentatives de brouillage. De plus, la vérification permanente de l'intégrité du système est un sérieux avantage concurrentiel par rapport au GPS et à GLONASS[2]. L'interopérabilité entre les systèmes GPS et GALILEO est garantie par les accords du 26 juin 2004, signés entre les États-Unis et l'Union européenne[3].

Le 28 décembre 2005, l'ESA a placé sur l'orbite prévue, à 23 000 km d'altitude, le premier des deux satellites expérimentaux, Giove-A, avec une fusée russe Soyouz lancée de Baïkonour au Kazakhstan[4]. Le lancement du second satellite expérimental, Giove-B, initialement prévu pour septembre 2006, a été reporté au 27 avril 2008[5]. Ce satellite a permis de maintenir la réservation des fréquences attribuées par l'Union internationale des télécommunications pour 27 mois supplémentaires.

Quatre satellites servant à valider les performances en vol (phase de validation en orbite - IOV), devaient être opérationnels dès 2010, mais leur lancement a débuté en 2013. Le lancement et le déploiement des 26 satellites restants (pleine capacité opérationnelle, FOC) devaient se dérouler de

1. European Commission, *op. cit.*

2. GLONASS a vocation à être l'équivalent russe (ex-soviétique) du système GPS. Il est toujours en cours de développement et de déploiement.

3. Agreement on the promotion, provision and use of GALILEO and GPS satellite-based navigation systems and related applications, treaty establishing the European Community, hereinafter referred to as the "Member States", and the European Community, 26 juin 2004.

4. http://www.cnes.fr/web/CNES-fr/4311-giove-ouvre-la-voie-au-systeme-GALILEO.php

5. Selon les journaux Les échos et Financial times Deutschland, le retard était imputable à des problèmes techniques de la fusée russe Soyouz. Néanmoins, lors du symposium Munich satellite navigation summit de février 2008, certains experts ont confié que ces retards étaient tout aussi imputables aux luttes de pouvoir internes.

2008 à 2010 ou plus tard. Ce calendrier a déjà connu de nombreux retards et sera encore sujet à modifications. La constellation GALILEO ne sera probablement opérationnelle qu'à partir de 2015-2020, dans une version ultérieure d'EGNOS[1].

GALILEO reposera sur une constellation de 30 satellites, 27 satellites défilants en orbites MEO (25 000 km), associés à 3 satellites en orbite géostationnaires GEO (à 36 000 km) dont la mission est de détecter tout dysfonctionnement de la constellation MEO et de mettre à jour les éphémérides. Actuellement le rôle des satellites GEO est de fournir – temporairement - un contrôle du signal GPS. En outre, deux satellites GEO ont également vocation à permettre des communications avec le consortium INMARSAT (AOR-E et IOR-W), le 3e ayant vocation à adresser des messages tests (ARTEMIS)[2]. Les messages échangés suivent la norme DO 229-C. La constellation MEO est inclinée à 56° par rapport à l'équateur, les satellites évoluant sur trois plans[3]. La révolution de chaque satellite est effectuée en 14 heures (contre 11 h 58 pour le GPS). En outre, des stations terrestres permettront de fournir des informations concernant leur positionnement à des usagers de nombreux secteurs tels que le transport (localisation de véhicules, recherche d'itinéraire, etc.), les services sociaux et la télésanté (par exemple aide aux handicapés ou aux personnes âgées), la justice et les douanes (contrôles frontaliers), les travaux publics (systèmes d'information géographique), le sauvetage de personnes en détresse ou les loisirs (orientation en mer et en montagne, etc.),... De nombreuses autres applications n'ont pas encore été identifiées, et devraient représenter plus de 3,5 milliards de boîtiers GALILEO à l'horizon 2020, soit environ 9 milliards d'euros de chiffre d'affaires par an à partir de 2020[4].

1. Entretien avec M. Roger Pagny, qui a longtemps participé aux travaux sur le projet GALILEO.

2. Norbert Suard, Services GPS/EGNOS/GALILEO utilisables pour les projets ULISS, CNES, mars 2007.

3. L'utilisation de 3 plans au lieu de 6 est plus complexe à maîtriser, mais permet une reconfiguration plus souple des satellites et donc du système, en cas de problème technique.

4. Olivier Onidi, GALILEO is launched, Commission européenne, DGS, mai 2002. En dépit de retard, ces évaluations n'ont pas été modifiées à ce jour.

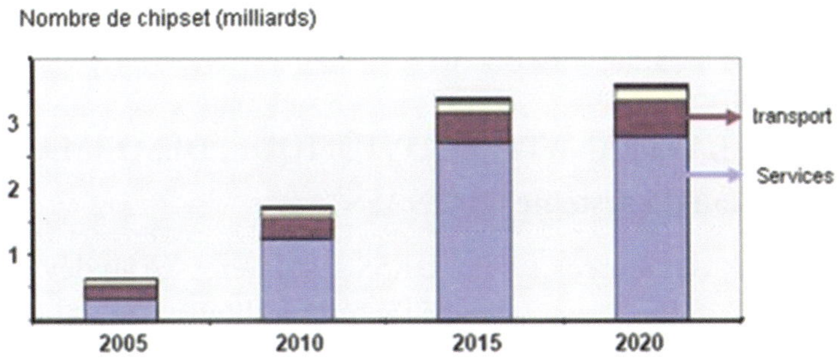

Estimation prévisionnelle du nombre de puces GALILEO vendues (source : Union européenne).

La précision des terminaux GALILEO est estimée à 3 à 4 mètres, ce qui est légèrement plus précis que le GPS. En revanche, la précision de GALILEO est identique sur la Terre entière, à la différence du GPS dont les performances perdent 10 à 20 % aux pôles [1]. Or, compte tenu des routes aériennes, qui passent régulièrement par les pôles (pôle nord plus principalement), ce gain de performance n'est pas anodin. Nous verrons plus loin que les performances de GALILEO au niveau des pôles relèvent de l'enjeu stratégique que se livrent États-Unis et Europe dans le domaine du transport aérien.

Le financement de GALILEO est estimé à 10 milliards d'euros (soit 13 milliards de dollars environ) pour la tranche 2005-2010, auxquels il faut ajouter 3,4 milliards d'euros déjà investis. Le programme est financé par une société internationale d'économie mixte (SIEM) comprenant la Banque centrale européenne, l'Union européenne, et l'ESA. Toute société privée qui le souhaitait pouvait contribuer avec une mise initiale minimale de 20 millions d'euros (1 million pour les PME)[2]. En pratique, GALILEO a été entièrement financé sur fonds publics.

1. *GPS System Operational Requirements Document* (SORD), 1990.
GPS Operational Requirements Document (ORD), 2000.
C.H. Yinger, W.A. Feess, V. Nuth, R.N. Haddad, *GPS Accuracy versus Number of NIMA stations*, National Imagery and Mapping Agency, 2002.

2. Commission européenne, communiqué de presse de M. Carl Bildt, « GALILEO un impératif pour l'Europe », Financial Times, 31 décembre 2001, p. 6. Disponible sur http://www.tvlink.org/pdf/GALILEO_fr_final.pdf

Les prévisions, souvent qualifiées d'optimistes, estimaient que l'équilibre budgétaire serait atteint en 2015.

3. GLONASS, L'ALTERNATIVE SOVIÉTIQUE, DÉSORMAIS RUSSE

3.1. Présentation du système GLONASS[1]

Dès le début des années 1970, l'URSS s'est intéressée au développement d'un GNSS spécifique, consciente de l'intérêt militaire d'un tel système que l'ennemi américain mettait en place. Le programme GLONASS (GLObal NAvigation Satellite System, ou Global'naya Navigastsionnaya Sputnikovaya Sistema) est né en 1982 (la date est toutefois incertaine, les archives soviétiques relatives à ce programme n'étant pas complètement accessibles). Les satellites qui composent la constellation GLONASS reçurent alors le nom « Ouragan » (code 11F654) et leur réalisation fut confiée au consortium KBPM de Zhelenogorsk. Chaque satellite a une masse de 1 413 kg. Les satellites ont été mis en orbite par groupe de trois sur des orbites MEO à 19 130 km, contenues dans trois plans orbitaux inclinés à 65 degrés par rapport au plan de l'écliptique[2].

Le 24 septembre 1995, les 24 satellites de la constellation étaient placés en orbite[3]. Les quatre derniers satellites furent opérationnels à partir de janvier 1996. Mais depuis la chute de l'Union soviétique, les crédits alloués au système GLONASS n'ont cessé de diminuer, à tel point qu'en octobre 2000, seuls six satellites étaient en état de fonctionner. Devant l'urgence de la situation, les autorités russes lancèrent le démarrage de deux nouvelles générations de satellites : Ouragan-M et Ouragan-K[4] qui devaient avoir une durée de vie plus importante.

Le tir de 2003 emporte le premier Ouragan-M, d'une durée de vie de sept ans. En janvier 2008, 19 satellites étaient en orbite, avec le lancement le

1. Stéphanie Bourcon, Rock Santerre, « Introduction au système de positionnement russe GLONASS », *Géomatique*, vol. 25, n° 3, octobre 1998.

2. http://www.glonass-ianc.rsa.ru/pls/htmldb/f?p=202:1:12693586895757530146 : site officiel de l'agence fédérale russe pour l'espace consacrée au système GLONASS.

3. http://www.glonass-ianc.rsa.ru/pls/htmldb/f?p=202:20:12693586895757530146::NO

4. http://www.ifp.uni-stuttgart.de/publications/phowo07/220Eissfeller.pdf

25 décembre 2007 de trois nouveaux satellites[1]. Toutefois, ces trois satellites ne semblaient pas avoir été activés avant 2011.

En novembre 2003, une déclaration d'intention a été signée entre l'Agence spatiale fédérale russe et l'Organisation indienne pour la recherche spatiale pour étudier la possibilité de mettre sur orbite des Ouragan-K au moyen de lanceurs indiens. Parallèlement, l'Inde comptait s'inspirer de la technologie russe GLONASS pour réaliser et lancer son propre système GNSS dénommé GAGAN (*GPS And GEO Augmented Navigation*), qui signifie aussi « le ciel » en indhi.

Les satellites Ouragan-K pèsent environ 745 kg, et peuvent être lancés par groupe de six par des lanceurs Proton-M. Le lancement du premier Ouragan-K a été effectué le 20 avril 2008. Les études concernant une quatrième génération de satellites Ouragan-KM ont débuté en 2002, avec une mise en service prévue pour 2015.

D'un point de vue traitement du signal, EGNOS permet de recevoir et d'exploiter conjointement les signaux GPS et GLONASS, et à terme les signaux de GALILEO. Toutefois, GLONASS utilisait initialement le système géodésique russe PZ-90 qui est sensiblement différent du système WGS 84 américain, ce qui engendre de réelles difficultés car les paramètres de transformation entre les deux systèmes géodésiques n'étaient pas connus précisément. Les signaux pouvaient donc être exploités par EGNOS, mais pas les références géodésiques associées. En septembre 2007 le système GLONASS fut adapté et sa référence géodésique mise à jour sous la nouvelle dénomination PZ-90.02. PZ-90.02 respecte le standard international ITRF2000[2], auquel se conformait déjà le standard WGS84. Dès lors, le système GLONASS devenait effectivement interopérable avec EGNOS.

3.2. Caractéristiques du système GLONASS

Le système GLONASS est composé d'un segment spatial et d'un segment sol. Le segment spatial compte 24 satellites, répartis sur trois plans orbitaux à une altitude de 19 100 km (orbite MEO) parcourue en 11 h 15.

1. A.V. Gorbov, N.L. Makarenko, V.L. Zoubinsky, *On Development of High Precision Geodetic Network Based on GLONASS and GPS Measurements in Russia*, FIG XXII International Congress, Washington, D.C USA, April 19-26 2002.

2. http://www.glonass-ianc.rsa.ru/i/glonass/pz-90-2-2.pdf

À la différence du système GPS, les satellites de la constellation, vus du sol, se retrouvent à la même place dans le ciel après huit jours sidéraux. Huit satellites sont prévus pour chaque plan orbital. Le segment sol est composé de cinq stations de contrôle, la principale se trouvant à Krasnoznamensk dans la région de Moscou[1].

Depuis avril 2008, 19 satellites actifs sont en orbite, ce qui permet la couverture de tout le territoire russe. Les premiers appareils de positionnement devaient être commercialisés fin décembre 2007. Cependant, les premiers appareils en service souffraient des défauts fonctionnels (manque de précision, interruption de service, etc.) ou de couverture territoriale insuffisante, ce qui a amené, le 23 janvier 2008, le premier vice-premier ministre russe Sergueï Ivanov à critiquer sévèrement les concepteurs du système[2] pour ces défauts de qualité[3]. L'agence spatiale russe (Roskosmos) terminé le déploiement des 24 satellites couvrant le monde entier en décembre 2009[4].

4.LES SYSTÈMES GNSS ALTERNATIFS

4.1. Beidou et l'approche chinoise[5]

Beidou Navigation System (en chinois : 北斗导航系统, ce qui signifie « étoile du Nord »), ou plus précisément système *Beidou Satellite Navigation and Positioning System* est un projet chinois visant à réaliser un sys-

1. SergeyRevnivykh, Developments of the Glonass system and system and Glonas sService Interface, Joint Meeting of Action Team on GNSS and GNSS Experts of UN/USA Regional Workshops and International Meeting, 2001-2002, 8-12 December 2003, Vienne, Autriche.

2. Cédric Durand et Maxime Petrovski, *Un développementalisme russe ? Le retour de l'État en Russie et ses limites*, document de travail pour le CEMI-EHESS, séminaire du 14 mars 2008. Ainsi que le précisent les deux auteurs, le premier vice-premier ministre S. Ivanov a déclaré que GLONASS n'était pour l'instant « pas fiable, le service n'était pas disponible sur tout le territoire de la Russie et que les navigateurs russes n'étaient pas compétitifs » (A. Tchernoivanova, « Иванов опустил ГЛОНАСС на землю », « Ivanov a descendu GLONASS sur terre », le 23 janvier 2008. Disponible sur http://www.gazeta.ru/social/2008/01/23/2590176.shtml

3. Prof. Em. Jac Spaans, *The Munich Satellite navigation Summit 2008*, European Journal of Navigation, vol. 6, n° 2, July 2008.

4. Iouri Zaïtsev, membre de l'Académie russe des sciences techniques, Le Glonass : entre discours et réalité, RIA Novosti, 4 mai 2007.
http://fr.rian.ru/analysis/20070504/64923109.html

5. http://mil.news.sina.com.cn/p/2007-07-18/0741455222.html

tème GNSS national et indépendant[1]. La première version du système, Beidou-1 constitué de 4 satellites demeurait un GNSS expérimental[2]. Sa couverture et les applications accessibles étaient encore très limitées. À plus long terme, et en dépit de ses annonces d'association avec GALILEO, la Chine souhaitait manifestement mettre en œuvre un système GNSS indépendant et souverain comportant 35 satellites. Ce nouveau GNSS fut appelé « Beidou-2 »[3].

La ressemblance des satellites Beidou avec les satellites GPS du standard Block II est assez saisissante. Beidou 1A a été lancé le 30 octobre 2000, suivi par Beidou 1B le 20 décembre 2000, puis Beidou 2A lancé le 24 mai 2003. Le quatrième et dernier satellite expérimental a été lancé le 3 février 2007[4].

En septembre 2003, pour minimiser les risques, la Chine a rejoint le projet GALILEO, en investissant 230 millions d'euros sur cinq ans. Toutefois, l'objectif des autorités chinoises, notamment militaires[5], était d'accélérer la mise en service opérationnelle de Beidou. Le 2 novembre 2006, un communiqué de l'agence chinoise pour la recherche indiquait que le programme Beidou atteindrait une précision de 10 mètres[6], ce qui peut sembler insuffisant et très surprenant pour un système comportant 35 satellites (dont cinq satellites géostationnaires pour contrôler les dérives).

4.2. Le système indien GAGAN

L'Inde a également entrepris à partir de 1999 de concevoir et déployer son propre système, GAGAN (*GPS And GEO Augmented Navigation*, ce

1. Chuang Shi, Jingnan Liu, GNSS status and developments in China, Wuhan University, Chinese national GNSS engineering center, CGSIC, 46th , Fort Worth, Texas, 26 septembre 2006.

2. http://www.sinodefence.com/space/spacecraft/beidou1.asp

3. http://www.sinodefence.com/space/spacecraft/beidou2.asp

4. Meng-Lun Tsai, Yu-Sheng Huang, Kai-Wei Chiang, Ming Yang, The Constellation Design of Taiwan's Regional Navigation Satellite System, 4th Asian space conference, Taïwan, 1-3 octobre 2008.

5. Selon un rapport de l'ADIT (Agence pour la diffusion de l'information technologique) daté du 2 mai 2007, les militaires chinois auraient été satisfaits des premières performances atteintes lors des essais (notamment de la précision assez nettement inférieure à 10m), mais souhaitaient voir le projet avancer plus rapidement.

6. http://www.automatesintelligents.com/actu/061131_actu.html#actu2

qui signifie « ciel »)[1]. Toutefois, l'Inde s'est appuyée dès le départ sur une architecture de type GPS, ainsi que l'indique son acronyme.

La société Raytheon Company avait annoncé la mise à niveau complète des systèmes de réception GNSS indiens, notamment en améliorant la réception et l'utilisation du standard GPS en Inde[2]. Pour ce faire, Raytheon, n'a pas tenté d'imposer le GPS, mais s'est plutôt présentée en partenaire de l'Inde pour développer son propre système, totalement compatible avec le GPS : l'Inde s'inscrivant dans une démarche notamment stratégique et souveraine, les industriels américains ont probablement joué la carte de la coopération et du soutien. GAGAN reste donc un système GPS amélioré, calculant les erreurs résiduelles à partir de plusieurs signaux pour réduire le niveau d'incertitude et d'erreur[3].

En particulier, GAGAN a été déployé sur les avions et aéroports, pour faciliter le trafic et le guidage terminal, initialement sur les seuls vols intérieurs. Les tests avaient démontré que le délai de génération et transmission de signal « sol », vers le satellite, puis retour « sol » était inférieur à 6,2 secondes. Ce délai était, selon les autorités indiennes, compatible avec des applications de guidage aérien, même en phase finale d'approche. Toutefois, ce délai paraît bien long et un classement en catégorie IIIA[4] par l'OACI de GAGAN semble très hypothétique, même avec une précision de 1 mètre, tant en vertical qu'en horizontal. À terme, un tel système serait cependant particulièrement utile dans les situations de visibilités « zéro » (nappe de brouillard, pluies battantes,…), qui se produisent assez régulièrement en Inde[5].

L'*Indian Space Research Organization* (ISRO) et l'*Airports Authority* devaient d'ailleurs dès décembre 2008 certifier le système GAGAN pour le guidage des avions[6], et mettre en place les commissions et les documenta-

1. K.N. Suryanarayana Rao, S. Pal, "The Indian SBAS System – GAGAN", the India-United States Conference on Space Science, Applications, and Commerce, juin 2004.

2. http://www.india-defence.com/reports-3966

3. http://www.mycoordinates.org/gagan-update-arjunsingh-mar-06.php

4. Catégorie IIIA : cas des instrumentations dédiées à l'atterrissage (Instrument Landing System, ILS).

5. http://civilaviation.nic.in/reports/monthlysum/sum1108.pdf

6. http://www.isro.org/newsletters/spaceindia/aprsep2006/Satnavindustry.htm

tions relatives à la sûreté aérienne. GAGAN couvrait en 2008 tout l'espace aérien indien.

À la différence des Ground Based (GBAS), Aircraft Based (ABAS) et Space/Satellite Based (SBAS), GAGAN est opérationnel – selon le ministère de la Défense indien – même en zone océanique (zone de l'océan indien, sans trop souffrir des effets de clutter marins)[1]. Cet intérêt peut se comprendre en sachant que l'Inde développe également un missile sol – mer et mer – sol appelé Brahmos[2]. Un système de guidage par GNSS, souverain, est un atout complémentaire.

Raytheon a par ailleurs fortement communiqué sur ce projet et mis en avant ses solutions techniques, insistant principalement sur les faibles coûts d'utilisation[3]. GAGAN est accepté et homologué depuis novembre 2007, après la mise en relation avec la constellation INMARSAT[4]. Initialement conçu lors d'un rapprochement avec la Russie, GAGAN s'oriente vers le GPS dont il s'inspire sensiblement.

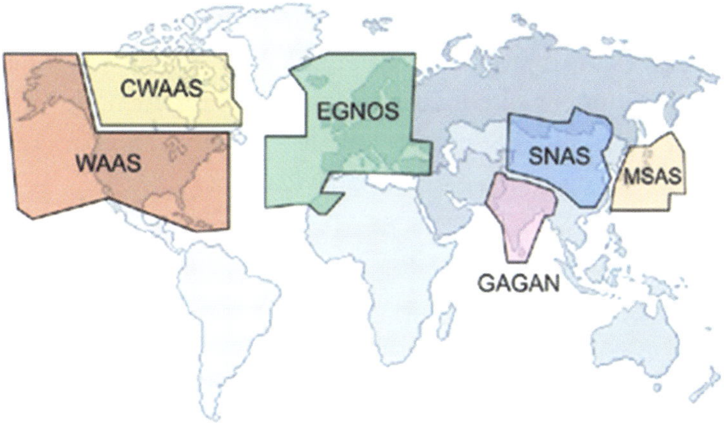

Carte des différents systèmes GNSS différentiels et de leurs zones privilégiées.

1. http://www.india-defence.com/reports-4012
2. http://www.brahmos.com/
3. http://www.raytheon.com/capabilities/rtnwcm/groups/ncs/documents/content/rtn_ncs_products_pdf_waas.pdf (communiqué de la firme Raytheon).
4. A. Bhaskaranarayana Director SCP/FMO & Scientific Secretary, Indian Space Research Organisation, *Presentation to COSPAR Meeting*, Montreal, 15 juillet 2008.

5. CONCLUSION

Les systèmes de radionavigation par satellite sont un enjeu stratégique et technologique majeur, pour tous les pays ayant vocation à devenir des puissances mondiales ou régionales : GLONASS pour la Russie, Beidou pour la Chine, GAGAN pour l'Inde, GALILEO en Europe, et, naturellement, le GPS pour les États-Unis. Néanmoins, en 2014, le GPS reste le système le plus abouti, le plus performant et le plus réussi.

Alliant audace technologique et vision géostratégique, le GPS doit sa réussite aux investissements colossaux accordés par les États-Unis, mais surtout à une conduite de projet rigoureuse et cohérente, initiée dès la phase de lancement du projet. De plus, le projet GPS est né dans un cadre militaire structuré et avec des objectifs précis, ce qui a facilité la conduite de projet. Pour autant, il a su s'ouvrir, sans résistance vaine, aux pays alliés et au monde civil, en contrôlant cette ouverture et en sachant préserver ses intérêts essentiels.

Le GPS peut être considéré comme un projet majeur dans le domaine des systèmes d'information, réussi et efficient. Le fait que les autres systèmes se positionnent en concurrence ou en complément du GPS, donc *de facto* par rapport au GPS, montre que le système GPS est et reste la référence en matière de système de radionavigation.

Chapitre II

LES ENJEUX GÉOSTRATÉGIQUES DE LA RADIONAVIGATION

1. GALILEO : LA QUÊTE DU LEADERSHIP

1.1. GALILEO, un projet décalé dans le temps

À l'origine, la constellation de GALILEO devait être prêt en 2008. On parle désormais de la mi-2015 et c'est une estimation considérée comme optimiste. 2016, voire 2018, ou même au-delà sont des perspectives également évoquées.

Wolfgang Tiefensee, ministre allemand SPD des Transports, de la Construction et du Développement urbain, avait indiqué en mai 2007 : « Nous devons trouver une solution qui soit économique et aussi rapide que possible »[1]. Cela devait passer par une remise à plat du programme[2]. Ainsi, le 16 mai 2007, le commissaire européen aux transports, Jacques Barrot, avait dû recommander que le projet soit entièrement financé par les pouvoirs publics, faute d'un engagement suffisant du consortium privé devant l'exploiter. Prêt à utiliser des fonds provenant de la politique agricole com-

1. Dominique Gallois et Philippe Ricard, « Un GPS européen Le sauvetage de GALILEO », *Le Monde*, 15 mai 2007

2. http://www.theregister.co.uk/2007/05/08/GALILEO_strategic_not_commercial/

mune, il s'était cependant heurté à une opposition ferme des Allemands représentés par Wolfgang Tiefensee[1]. Cette modification représentait en effet un coût supplémentaire de près de 2,5 milliards d'euros pour les fonds communautaires, alors que 1 milliard d'euros étaient prévus initialement.

Les huit industriels[2] retenus pour assurer le lancement et l'exploitation du système (EADS, Thales, ALCATEL, INMARSAT, Finmeccanica, HISPASAT, ALENA, et TeleOp, filiale de Deutsche Telekom) n'avaient pas pu – ou pas voulu – répondre, avant la date butoir du 10 mai 2007, aux exigences des États membres et de la commission[3]. Si la société commune à ces huit industriels fut bien mise en place en trois mois, organisation comprise, il a fallu plus de huit mois de tractations, parfois extrêmement dures, pour désigner son directeur général. La négociation du contrat de concession, qui devait être achevée à la fin 2006, n'a finalement abouti qu'en janvier 2008[4]. Le consortium privé a posé de multiples conditions, et tenté de minimiser la prise de risque.

Face à ces blocages, la Commission européenne n'est pas parvenue à convaincre les industriels[5]. Alors que Rockwell International et Lockheed Martin[6] avaient pris des risques technologiques majeurs dans les années 1960 pour répondre au projet GPS des armées américaines[7], les industriels européens sont restés plus prudents. Cette position peut sembler étrange puisque l'existence du GPS ou de GLONASS garantissait la faisabilité du projet. Toutefois, l'attitude des grands consortiums industriels européens pourrait ne pas s'expliquer uniquement au regard de considérations pu-

1. http://www.lefigaro.fr/sciences/2007/11/24/01008-20071124ARTFIG00193-GALILEO-une-solution-de-financement-en-vue.php

2. André G. Delion, conseiller-maître honoraire à la Cour des comptes Michel Durupty, professeur à l'université Paris I, « Chronique du secteur public économique », *CAIRN*, n° 118 2006/2.

3. http://archives.lesechos.fr/archives/2007/lesechos.fr/04/26/300165071.htm

4. http://www.lefigaro.fr/debats/2007/03/17/01005-20070317ARTFIG90830-GALILEO_en_panne_l_europe _n_a_toujours_pas_de_financement_pour_son_grand_projet_spatial.php

5.http://europa.eu/rapid/pressReleasesAction.do?reference=IP/07/1358&format=HTML&aged=0&language=en&guiLanguage=fr

6. http://www.irs.uni-stuttgart.de/SSDW/documents/2_history.pdf

7. "Report of the USAF Scientific Advisory Board Aerospace Vehicles/Propulsion Panels on Aero-spaceplane, VTOL, and Strategic Manned Aircraft", 24 October 1963.

rement technologiques. De ce fait, une comparaison avec le GPS n'est pas pertinente.

Depuis sa conception, GALILEO est d'avantage au cœur d'une bataille d'influence politico-industrielle[1] que stratégique[2], entre les pays membres de l'Union européenne. Le 4 mai 2007, Thomas Enders, coprésident d'EADS regrettait publiquement : « C'est le programme le plus pollué par les politiques ces dernières années »[3], oubliant néanmoins le rôle assez ambigu des industriels. M. Yvann Ylief, commissaire de la politique scientifique au sein du gouvernement belge, avait eu des commentaires assez durs dans la revue *Space information center*, le 23 mai 2002 : « Pour GALILEO, l'accouchement a été tout sauf sans douleur. La présidence belge du second semestre 2001 a fait le maximum pour que les choses avancent. Malgré nos efforts, nous n'avons pas réussi à obtenir la décision lors du Sommet de Laeken. Elle a été prise trois mois plus tard. Mais la réalisation de GALILEO rencontre toujours des problèmes. On se trouve même dans une situation de blocage à cause du total trop élevé des souscriptions nationales pour le financement du programme à l'ESA. Et la mise en place de l'entreprise commune butte sur des difficultés administratives, à cause d'une certaine mésentente entre l'ESA et la Commission européenne. ».

L'entreprise commune GALILEO créée par le règlement du Conseil du 21 mai 2002[4] avait pour mission de gérer la phase de développement du programme et de mener à bien la procédure de sélection du futur concessionnaire. Or sa structure illustrait, d'une certaine manière, les luttes d'influence : les membres fondateurs de l'entreprise commune GALILEO étaient la Communauté européenne et l'Agence spatiale européenne. Les organes de l'entreprise commune en étaient le conseil d'administration, le comité exécutif et le directeur. En outre, le conseil de surveillance, composé d'un représentant par État membre de l'Union européenne et d'un

1. M. le sénateur Jean-Pierre Masseret, *Rapport d'information n° 461*, session extraordinaire de 2004-2005, p. 33 et suivantes.

2. *GALILEO, un enjeu stratégique, scientifique, technique*, Paris, Académie de Marine, 2003.

3. http://www.lemonde.fr/web/article/0,1-0@2-3244,36-909785@51-896289,0.html

4. http://eur-lex.europa.eu/smartapi/cgi/sga_doc?smartapi!celexplus!prod!DocNumber&lg=en&type_doc=Regulation&an_doc=2002&nu_doc=876 ou au format pdf sur http://eur-lex.europa.eu/LexUriServ/LexUriServ.do?uri=OJ:L:2002:138:0001:0008:FR:PDF

représentant de la Commission, devait exercer un contrôle politique sur l'entreprise commune[1].

ÉPINGLÉ PAR RIF

Caricature publiée en Belgique relative au projet GALILEO.

Il apparaît que les dissensions ont commencé dès la conception du programme. Lorsque, à la fin des années 1990, l'Europe a songé à s'affranchir du monopole américain du GPS[2] et à affirmer son indépendance dans le domaine de la radionavigation[3], un désaccord survint entre les pays d'Europe du Nord (Pays-Bas, Belgique, Pologne et Grande-Bretagne, que l'on pourrait qualifier de plutôt « atlantistes ») et les autres (Italie, Espagne ainsi que la France et l'Allemagne). Les pays les plus atlantistes[4] estimaient, à l'instar de Londres et d'Amsterdam, que le GPS américain suffisait[5], soutenues en ce sens par Washington[6]. Dans leur esprit, une extension WAAS ou SBAS devait suffire, avec des spécificités européennes, et par conséquent

1. JO L 138 du 21.5.2002, p. 1. Les membres fondateurs de l'entreprise commune GALILEO sont la Communauté européenne et l'Agence spatiale européenne. Les organes de l'entreprise commune sont le conseil d'administration, le comité exécutif et le directeur. En outre, le conseil de surveillance, composé d'un représentant par État membre de l'Union européenne et d'un représentant de la Commission, exerce un contrôle politique sur l'entreprise commune.

2. « Avec GALILEO, l'Europe entend construire son indépendance stratégique », *Le Monde*, 27 décembre 2005.

3. « Créer un système mondial de radionavigation par satellite visant à réduire, pour des raisons stratégiques et économiques, la dépendance de l'Union européenne vis-à-vis du système américain du GPS », disponible sur www.europa.eu.int/comm/dgs/energy_transport/GALILEO

4. Christophe Guillemin, *GALILEO, le projet de GPS européen joue son avenir le 26 mars*, ZDNET (www.zdnet.fr) 16 mars 2002.

5. Hubert d'Erceville, *01 Informatique* n° 1661, le 11/01/2002.

6. http://www.ifri.org/files/europe/Compte_rendu_Sem_11_.pdf

des subventions publiques limitées auraient suffi. Pour les autres pays, dont la France et l'Allemagne, le projet était au contraire perçu comme susceptible de conforter « l'Europe puissance », en toute indépendance à l'égard de l'allié américain. Il fallait donc que l'Union la subventionne dans un contexte d'instrument de souveraineté.

Avec le recul, de telles dissensions sur les objectifs même du projet, dès la phase de conception, pouvaient se révéler assez inquiétantes.

1.2. Des compromis compliqués

Un compromis fut trouvé en tentant de financer le projet aux deux tiers par le secteur privé[1] et à un tiers par le secteur public. Inédit dans l'histoire de l'Europe spatiale, un tel « partenariat public-privé » (PPP) ne semblait à l'époque pas poser difficulté, d'autant que la bulle Internet n'avait pas encore explosé et que les projets de télécommunications apparaissaient pérennes et surtout à fort potentiel économique.

En principe, l'Agence spatiale européenne était chargée de gérer l'ensemble d'un programme de cette nature. En réalité, elle n'a été en mesure de suivre que la phase de validation du système, qui prévoyait le lancement des quatre premiers satellites[2].

Pour concilier les pays les plus atlantistes, il fut convenu que GALILEO serait un système civil sous contrôle civil[3], tandis que les industriels espéraient pouvoir exploiter des applications militaires pour rentabiliser l'équipement. Avec un tel cahier des charges, les candidats à la fabrication des satellites furent, dès le départ, sceptiques sur les revenus potentiels et donc sur la rentabilité du projet. Cette crainte fut renforcée car, en dépit d'un marché mondial de la radionavigation par satellite en forte croissance, GALILEO est conçu comme un système payant, face au GPS déjà bien établi et offrant gratuitement des services équivalents. Il était donc légitime de s'interroger sur le positionnement marketing du projet GALILEO. Face au

1. On retrouve là l'influence britannique. En Grande-Bretagne, des satellites militaires de télécommunication els que Skynet sont exploités par un opérateur privé, de même qu'aux États-Unis. Cela n'est pas concevable en France ou en Allemagne, http://news.bbc.co.uk/2/hi/science/nature/7079876.stm ou sur http://www.afcea.org/SIGNAL/articles/templates/SIGNAL_Article_Template.asp?articleid=789&zoneid=139

2. http://www.esa.int/esaNA/GALILEO.html

3. http://www.assemblee-ueo.org/fr/documents/discours/dis/2004/dumoulin.pdf

GPS américain et au GLONASS russe, tous deux gratuits et portés par des marchés militaires (comme on l'a vu), le modèle économique de GALILEO semblait être un pari très ambitieux.

Selon Laurence Nardon, de l'IFRI, deux erreurs majeures auraient été commises : en prenant en considération toutes les positions pour ne fâcher personne, l'orientation s'est traduite par un positionnement « moyen », et de fait par un « non positionnement » en termes marketing [1]. Or, un produit non positionné en situation de marché concurrentiel risque généralement de devenir un échec commercial. La seconde erreur serait d'avoir mis en place un consortium responsable de toutes les phases (fabrication des satellites, lancement, exploitation,…) [2], sans évaluer une répartition des actions et des missions au préalable.

À l'origine pourtant, deux offres concurrentes avaient été formulées par deux leaders européens de l'espace, les constructeurs de satellites EADS et Alcatel. Mais le projet suscita en coulisse de graves tensions entre l'Allemagne et l'Italie, chacun voulant obtenir le pilotage du programme. Leur rivalité, à travers les industriels EADS pour l'Allemagne et Finmeccanica pour l'Italie, qui ont chacun défendu un projet, conduisit à un échec [3].

L'enjeu pour ces deux pays était compréhensible : affirmer leur prédominance spatiale, dans un contexte où la France avait la haute main sur la fusée Ariane et où la Grande-Bretagne était très présente dans les télécommunications spatiales. La Commission fut incapable de trancher et décida de fusionner les deux projets fin 2005 [4], puis de répartir les centres de contrôle entre les différents états membre [5]. Le choix fut, d'une certaine manière, un non-choix.

Quelques mois plus tard, la répartition des sites de la future société fit l'objet d'un compromis complexe afin que chaque pays associé au projet y trouve son compte : le siège serait implanté en France, à Toulouse, et les

1. J. Orsoni, J.-P. Helfer et J.-L. Nicolas, *Marketing*, Vuibert, septembre 2007 10e édition.

2. http://www.ifri.org/files/Espace/Note_Nardon_GALILEO_FR.pdf

3. Kai-Uwe Schrogl, Charlotte Mathieu, Nicolas Peter (dir.), *The Yearbook on Space Policy, 2006/2007: New Impetus for Europe*, Springer-Verlag, Austria, 20 octobre 2008.

4. Communiqué de presse de la Commission européenne, *GALILEO : une nouvelle étape de la mise en concession*, 1er mars 2005.

5. http://www.ifri.org/files/Espace/Note_Nardon_GALILEO_FR.pdf

autres fonctions seraient réparties entre Munich, Londres et Rome. Peu satisfaite, l'Espagne bloqua le dossier plusieurs mois, réclamant en vain l'installation, sur son territoire, d'un centre de contrôle[1]. Dans le processus de décision, le projet industriel et sa valorisation ne semblèrent avoir qu'une considération secondaire.

En dépit de leur rapprochement forcé, la rivalité entre industriels se poursuivit encore en 2008. Chaque pays considérant GALILEO comme une opportunité de prendre le leadership de l'industrie spatiale européenne, la remise à plat qui s'annonçait avec la montée des financements publics devrait permettre toutes les ambitions. Les autorités européennes n'excluent donc pas de nouveaux appels d'offres pour mettre un terme aux blocages. Mais dans un contexte économique et de marché de l'emploi très difficile, il est peu probable que les manœuvres pour capter le maximum de retombées de GALILEO s'estompent[2].

1.3. France et Allemagne : « les meilleurs ennemis »

Un contentieux oppose, depuis le début du projet, la France et l'Allemagne sur le financement de GALILEO sur fond de rivalités entre leurs entreprises et de leurs industriels nationaux qui souhaitent emporter les contrats de construction[3]. Le 2 octobre 2007[4], les ministres des Transports des 27 États membres s'étaient réunis pour tenter de relancer GALILEO. Les diplomates affirmèrent alors qu'ils n'avaient aucune chance de parvenir à un compromis en raison des tensions franco-allemandes. Les dirigeants européens durent trancher lors du sommet des 13 et 14 décembre 2007.

Tous les États membres de l'UE reconnaissent que les fonds publics doivent prendre la relève du consortium privé qui a renoncé à financer la construction de l'infrastructure des 30 satellites nécessaires, démontrant implicitement le manque d'audace des industriels européens face à la

1. http://www.ifri.org/files/Espace/Note_Nardon_GALILEO_FR.pdf

2. Christian Lardier, « GALILEO débloqué, jusqu'à quand ? », dans *Air et Cosmos*, n° 2103, 7 décembre 2007, *Le Monde*, 29 novembre 2007.

3. http://www.lefigaro.fr/sciences/20071002.FIG000000058_GALILEO_menace_par_les_rivalites_franco_allemandes.html

4. http://ec.europa.eu/dgs/energy_transport/GALILEO/documents/doc/council_conclusions_021007.pdf. Ainsi que le mentionne le 6e point de l'accord "[UE] confirms its intention to take an integrated decision before the end of the year,..."

concurrence américaine, russe et désormais chinoise ou indienne [1]. Cette démarche passe par la Commission, puis est exécutée par l'Agence spatiale européenne (ESA).

Il a donc fallu trouver 2,4 milliards d'euros en plus du milliard déjà injecté dans le programme sur un coût total, exploitation comprise, de dix milliards d'euros. Mais deux camps s'opposaient sur les modalités de ce financement et l'affaire était en premier lieu politique.

Le premier camp, composé de la Commission européenne appuyée par la France, l'Italie, l'Espagne, la Belgique, le Luxembourg et de nombreux nouveaux pays membres, voulait faire appel au budget communautaire en prélevant sur des fonds budgétisés pour les années 2007 et 2008, et même 2009. Ces fonds ne seraient donc plus employés dans des secteurs comme l'agriculture, la recherche ou l'administration. La France avait même accepté en novembre 2007 que l'essentiel des fonds – 2,2 milliards d'euros – provienne du budget agricole dont elle était un défenseur régulier. La Commission deviendrait le gestionnaire de la construction de l'infrastructure et l'Agence spatiale européenne en serait le maître d'œuvre, le secteur privé devant reprendre ultérieurement la main pour en assurer l'exploitation [2].

Les sommes avancées par le budget communautaire devaient être remboursées lorsque le système serait opérationnel et qu'il serait possible de retirer des bénéfices de son exploitation. Ce modèle était particulièrement optimiste, compte tenu des situations de blocages observées.

La méfiance s'est alors installée entre la France et l'Allemagne avec la restructuration d'Airbus, alors que chaque pays tentait de préserver ses emplois. Dans le quotidien *Die Welt* daté du 1er octobre 2007 le ministre allemand des Transports, Wolfgang Tiefensee [3], avait vigoureusement défendu la part allemande. La démocrate-chrétienne allemande Angelica Niebler, qui présidait la commission de l'Industrie du Parlement européen, fut encore plus claire : « LAllemagne craint que les entreprises françaises, et surtout Thales, ne soient favorisées. Le chef de l'ESA est un Français

1. http://ec.europa.eu/dgs/energy_transport/GALILEO/documents/doc/2007_12_03_council_results_en.pdf, voir alinéa 2, item 3.

2. http://ec.europa.eu/dgs/energy_transport/GALILEO/documents/doc/com_2007_0534_fr.pdf

3. Traduction reprise par le quotidien *Le Figaro* : http://www.lefigaro.fr/sciences/20071002.FIG000000058_GALILEO_menace_par_les_rivalites_franco_allemandes.html

[Ndr : à l'époque il s'agissait de M. Jean-Jacques Dordain], le commissaire européen [Ndr : sous-entendu le commissaire aux Transports, M. Jacques Barrot] est un Français, il ne faut pas qu'à l'avenir tout soit dans des mains françaises »[1]. Angelica Niebler avait ainsi accusé la Commission de partialité puisqu'elle n'a fait qu'une seule proposition alors qu'elle était, selon elle, sensée présenter des options aux ministres des Transports lors du conseil de décembre 2007. La situation entre les membres de l'UE ne traduisait pas un climat de confiance[2].

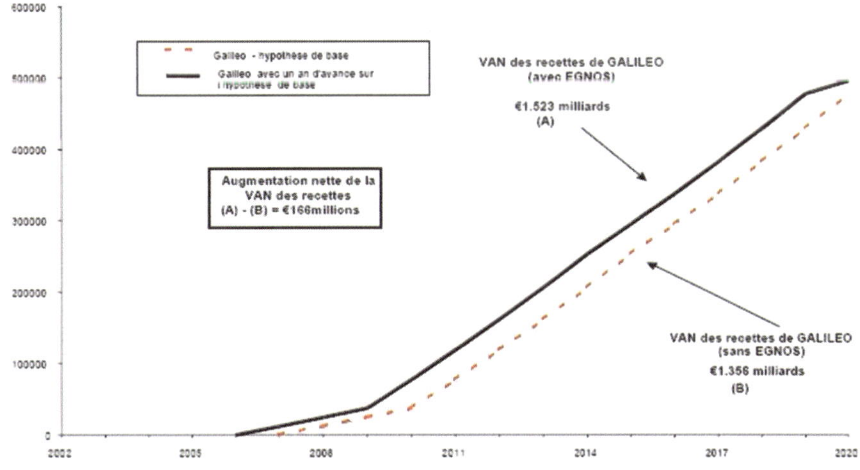

Plan de bénéfices et de retour sur investissements de GALILEO et EGNOS (source : UE).

1.4. La Grande-Bretagne et le « grand jeu »

La Grande-Bretagne a exploité ces rivalités. Par ailleurs, sa position sur le GPS est intéressante.

Dans un éditorial de mai 2007, le journal *The Economist* estimait que « la vision du monde de l'Union européenne ne correspond plus à la réalité », et appelait en conséquence à l'abandon du projet de système euro-

1. Yves Clarisse, *GALILEO menacé par les rivalités franco-allemandes*, Bruxelles (Reuters), 01/10/2007, citée par le journal *Libération* : http://www.liberation.fr/grand-angle/0101113540-et-pourtant-il-devrait-tourner

2. Aurélien Desingly, « GALILEO, la navigation européenne, questions juridiques et stratégiques au temps de la concession », *travaux et recherches de l'IFRI*, 19 octobre 2006.

péen de radionavigation par satellite, GALILEO. Ce projet était, toujours selon cet éditorial, le fruit « *des orgueils nationaux plus que d'une logique commerciale* »[1]. Selon les experts britanniques, le système GALILEO ne pouvait entrer en service qu'au mieux en 2014 et certainement pas en 2012, et coûter 2 milliards d'euros de plus que les 3,6 milliards prévus initialement[2]. Sur ces points, l'avenir a confirmé leur vision. Pour les militaires britanniques, GALILEO aurait dû prioritairement jouer un rôle militaire de souveraineté[3]. Le choix d'un système civil, ne disposant que d'une extension militaire, les a profondément déçus. De plus, les Britanniques considèrent que le consortium ne pourrait pas s'acquitter de la mission, faute d'un pilotage efficace.

Le soutien britannique au GPS a du sens. En 2013, le GPS nouvelle génération devait entrer en service, mais cette date sera reportée à 2015 (au moins). Aussi performant que GALILEO, le GPS NG n'a pas pris de retard et sera gratuit[4]. Pour les Britanniques, la situation est évidente : personne n'achètera un service payant alors qu'un service équivalent et gratuit existera.

En outre, depuis 2004, plusieurs rumeurs indiquent que la Grande Bretagne aurait discrètement rejoint le système américain TACAMO (*TAke Charge And Move Out*, système de communications embarquées sur des appareils E6 et destiné à assurer les ordres de lancements nucléaires des sous-marins). Ce système de communication basse fréquence pour les sous-marins, notamment les sous-marins nucléaires lanceurs d'engins[5], a vocation à assurer les ordres de lancement. Si ces assertions s'avéraient vraies, la dissuasion nucléaire britannique serait désormais conditionnée, techniquement, à l'accord des États-Unis. La question d'un guidage GNSS autre que le GPS militaire devenait donc très relative pour les Britanniques. En effet, à partir du moment où les armements stratégiques dépendaient

1. *The Economist*, "Struggling GALILEO", 22 mai 2007 : "Instead, it looks set to turn to the EU taxpayer to underwrite what may turn out to be an expensive 'prestige' project, with little value to either the military or consumers".

2. http://ec.europa.eu/dgs/energy_transport/GALILEO/documents/doc/com_2007_0534_fr.pdf

3. http://www.peoplepowerprocess.com/images/magflash/july07/pdfs/pages47.pdf

4. http://www.ostic.info/docs/05_space.pdf, p. 5.

5. The Joint staff officer's guide, JSFC PUB 1, Joint Force Staff College, Norfolk, 23511-1702.

des États-Unis, les Britanniques n'avaient aucune raison de privilégier une solution européenne pour leurs armements tactiques.

Les retards et les dépassements du programme GALILEO ont aussi conduit la Grande-Bretagne à prôner le désengagement de ce programme. Les Britanniques souhaitent que l'usage du PRS de GALILEO, dont l'existence n'est pas remise en cause pour d'autres applications, soit interdit pour les militaires[1]. Leur argument est le suivant : les pays européens sont quasiment tous membres de l'OTAN, et le système de navigation de l'OTAN est le GPS et doit le rester. Pourtant le signal PRS, crypté et protégé des interférences, intéresse énormément les militaires.

Selon Laurence Nardon, « La France, l'Italie ou l'Allemagne, ne partagent pas cette vision des choses. L'accord conclu en 2004 entre la Commission et le département d'Etat américain a ouvert des possibilités de coexistence, et même de coopération, entre les deux systèmes ». Toujours selon L. Nardon, si les forces armées se servaient du PRS cela augmenterait de 20 à 30 % les parts de marché de GALILEO, par la vente des terminaux. Implicitement, la composante défense apparaît comme donc une variable d'ajustement : si le projet est en déficit, ce qui sera vraisemblablement le cas (du moins durant une période), la défense permettra de combler les pertes. Alors que si le projet se déroule bien, les applications militaires seront exclues limitée[2]. La position britannique a donc du sens. La seule véritable mission de portée stratégique de GALILEO comporte les applications militaires. Si la défense et la sécurité européennes doivent continuer à dépendre du GPS (notamment pour l'emploi des armements), alors de fait l'Europe devra s'aligner sur la position américaine en cas de crise. Comme les services civils seront payants, face à des concurrents gratuits, l'interrogation des Britanniques paraît objectivement légitime.

En fait, depuis le lancement du projet, la Grande-Bretagne, et dans une moindre mesure l'Allemagne, est probablement le seul pays à avoir adopté

1. Interview de Laurence Nardon, Toute L'Europe, 21 novembre 2006. Disponible sur http://www.touteleurope.fr/fr/nc/print/actions/culture-sciences/sciences/analyses-et-opinions/analyses-vue-detaillee/afficher/fiche/3329/t/44068/from/2356/breve/laurence-nardon-la-finalite-de-GALILEO-nest-pas-la-meme-pour-tous-les-membres-de-lunion.html

2. http://www.touteleurope.fr/fr/nc/print/actions/culture-sciences/sciences/analyses-et-opinions/analyses-vue-detaillee/afficher/fiche/3329/t/44068/from/2356/breve/laurence-nardon-la-finalite-de-GALILEO-nest-pas-la-meme-pour-tous-les-membres-de-lunion.html

une position claire, s'inscrivant dans la durée et répondant à de réels impératifs stratégiques, même si ce sont ses seuls impératifs.

1.5. La Russie face à GALILEO

Exaltant l'indépendance technologique de son pays, Vladimir Poutine avait accéléré en 2005 la réactivation de GLONASS, le concurrent du GPS [1]. Imaginé et conçu dans les années 1980, un temps opérationnel dans les années 1990, ce système de navigation par satellite a connu une exploitation chaotique, souffrant de trop faibles moyens. Mais avec GALILEO, la situation avait évolué. Des marchés touchant la géolocalisation, dans les transports, les secours, et dernièrement les loisirs avaient émergé et ils intéressaient profondément la Russie. Jouant sur l'image du GPS réputé contrôlé par le gouvernement américain, les Russes cherchèrent donc à assurer leur autonomie et leur indépendance, en cas de crise, car l'espace est et demeure pour de nombreux pays un enjeu de puissance et de souveraineté[2].

Pour se différencier du GPS, GLONASS comptait sur sa plus grande précision, au mètre près. « Le réseau doit être irréprochable, meilleur que le GPS et moins cher, si nous voulons que les clients choisissent GLONASS »[3], indiquait Vladimir Poutine. Cependant, plutôt que de se livrer à une concurrence frontale, la Russie avait annoncé qu'elle développerait un émetteur-récepteur compatible avec les normes européennes et américaines, jouant la carte de l'interopérabilité.

La Russie a mis en avant deux arguments qui pourraient s'avérer très pertinents. Le premier est que GLONASS est un système indépendant (sous-entendu des Américains) et qui fonctionne[4] – gratuitement[5] – (à la différence de GALILEO qui reste un projet). Le second est que les terminaux GLONASS peuvent s'interfacer avec le GPS, voire à terme avec GALILEO [6].

1. Cédric Durand et Maxime Petrovski, *Un développementalisme russe ? Le retour de l'État en Russie et ses limites*, document de travail pour le CEMI-EHESS, séminaire du 14 mars 2008.

2. Thierry Garcin, *Les enjeux stratégiques de l'espace*, LGDJ, 2001. Voir la phrase page 4 : « L'espace est inscrit dans la grande stratégie des Etats : il est d'abord outil de puissance, voire multiplicateur de puissance ».

3. **La Russie prend GALILEO de vitesse avec son propre GPS L'Expansion, 4 avril 2007.**

4. http://fr.rian.ru/russia/20070328/62747859.html

5. http://fr.rian.ru/science/20070518/65727894.html

6. http://fr.rian.ru/science/20070330/62868690-print.html

La Russie a notamment participé à un appel d'offres pour la création de l'infrastructure terrestre et des récepteurs du système de navigation par satellite européen GALILEO qui s'est déroulé en mai 2008. Cette participation avait été soulignée par M. Pedro Pedreira à Moscou, directeur exécutif de la GSA (autorité de surveillance de GALILEO)[1]. Néanmoins, la Russie ayant vocation à disposer de son propre système de radionavigation, indépendant, et s'inscrivant dans une démarche clairement de souveraineté, il serait préférable de rester prudent sur les intentions réelles des autorités russes. À l'instar des Britanniques, la Russie a clairement défini et défendu ses intérêts stratégiques. La Russie a décidé quels seraient ses objectifs stratégiques et met donc en place tous les outils diplomatiques, technologiques, politiques… nécessaires pour y parvenir. Pour la Russie, GALILEO apparaît probablement plus comme un moyen que comme une fin.

2. DES ENJEUX GÉOPOLITIQUES : SÉDUIRE L'INDE, REMPART CONTRE LA CHINE

2.1. Les manœuvres russes en Inde

2.1.1. Le jeu de la Russie : l'« allié éternel »

En octobre 2007, Sergueï Lounev, professeur à la chaire d'études orientales de l'Institut des relations internationales de Moscou (MGuIMO), estimait qu'une alliance politico-militaire entre la Russie, la Chine et l'Inde était impossible à court terme en raison des graves divergences, y compris sur la question de la non-prolifération nucléaire. « À l'étape actuelle des relations tripartites entre la Russie, l'Inde et la Chine, il n'est même pas question de former une alliance politico-militaire plein format en raison des contradictions objectives dans la politique extérieure de chacun des membres de cette troïka sur le continent asiatique », avait-il déclaré en juin 2007 à l'agence de presse RIA Novosti[2].

La Russie et la Chine préconisaient logiquement le respect du régime de non-prolifération des armes nucléaires, en tant que membres permanents, alors que l'Inde cherchait à renforcer son potentiel militaire, y compris

1. http://fr.rian.ru/science/20080407/103928838.html
2. http://fr.rian.ru/world/20071026/85623260.html

dans le domaine nucléaire. Selon, Sergueï Lounev, « le refus de l'Inde de modifier son statut d'observateur auprès de l'Organisation de coopération de Shanghai (OCS) et de participer aux exercices militaires conjoints de cette alliance politique » en était l'illustration. Toujours selon M. Lounev, les trois pays sont « satisfaits de l'actuel état de leur coopération, notamment du fait que l'actuel format de leurs relations tripartites ne revêt qu'un caractère purement consultatif et se limite à la mise en œuvre de projets économiques conjoints »[1].

2.1.2. La proposition russe de GNSS

Trois satellites de nouvelle génération GLONASS-M, ayant une durée de vie plus longue (7 à 8 ans) et de meilleures caractéristiques de transmission, ont été placés sur orbite le 25 décembre 2005, ce qui portait le nombre total de satellites du système GLONASS à 17. Ces trois satellites avaient été conçus et développés en coopération étroite avec l'Inde[2]. Il avait été également prévu que l'Inde ait accès aux services GLONASS[3, 4]. Cette coopération devait se replacer dans un contexte plus général d'une volonté forte de la Russie de nouer un partenariat stratégique avec l'Inde[5], en se positionnant notamment comme un allié pour la défense aérienne indienne et pour le développement de projets stratégiques[6, 7].

À ce titre, la Russie a proposé une offre de 126 appareils Sukhoï 30 MKI pour le « super contrat » de modernisation de la flotte aérienne indienne de combat, même si l'avion français Rafale est désormais mieux positionné. La Russie a aidé significativement l'Inde à concevoir et développer son missile

1. http://fr.rian.ru/world/20071026/85623260.html
2. http://fr.rian.ru/science/20070123/59586468.html
3. http://fr.rian.ru/science/20070122/59521532.html
4. http://www.investir-russie.com/La-Russie-negocie-avec-d-autres-pays-l-utilisation-du-systeme-de-navigation-GLONASS,2124.html
5. Note IRIS, *Le 7e Sommet annuel indo-russe*, New Delhi, 25-26 janvier 2007. Disponible sur http://www.iris-france.org/docs/pdf/actu_asie/2007-02-06.pdf
6. http://fr.rian.ru/analysis/20070105/58045325.html
7. Amelia Gentlemen, "Russia Offers to Build 4 New Nuclear Reactors for India", *International Herald Tribune*, 15 janvier 2007.

de croisière Brahmos [1]. Toujours dans le cadre de la protection aérienne, l'Inde a acheté six batteries de systèmes missiles S-300 en août 1995, pour un milliard de dollars [2]. Il s'agit probablement de la version S-300PMU-2. Ce choix peut s'expliquer en vue d'assurer une défense anti-missile contre les M-11 pakistanais.

Le S-300 PMU-2 est un système mobile multicanal de missiles sol-air, très moderne, dont le nom de code est « Favorit ». Ce système est fabriqué par Almaz Scientific Industrial Corporation et il a été dévoilé en août 1997 [3]. Le fait que l'Inde ait été l'un des premiers clients (avec la Chine) d'un système dont les performances étaient alors tenues secrètes, était un signe fort de la « confiance » que la Russie pouvait accorder à l'armée indienne [4]. Le S-300 est destiné à protéger les sites stratégiques les plus importants d'un État et de ses forces armées en situation de possible guerre électronique intense [5]. Il dispose d'une portée de 200 km [6]. Il est considéré comme très performant et, selon de nombreux analystes de défense (pas seulement russes), il serait même plus performant que le système équivalent américain « Patriot RAS-3 » [7].

Toutefois, pour assurer à l'Inde une position de puissance stratégique, la maîtrise de l'espace aérien ne pouvait pas suffire. L'Inde devait également pouvoir maîtriser l'espace dominant sa zone aérienne, maîtriser les technologies spatiales. Et parmi ces technologies, l'importance d'un système GNSS permettant de guider ses avions (civils, mais aussi militaires), de guider des missiles de croisière ou des bombes intelligente avec précision, etc. apparaissait comme une évidence. D'ailleurs, ce GNSS, GAGAN couvre, logiquement le Pakistan, et il est pleinement compatible avec le standard SNAS, qui couvre la Chine, pays concurrent de l'Inde au niveau régional.

1. Ronak D. Desai, "Le partenariat indo-russe", The Johns Hopkins University, *CAIRN*, n° 19 2007/2.

2. http://mdb.cast.ru/mdb/4-2007/item_3/article_2/

3. http://www.encyclopediefrancaise.com/S-300.html

4. Konstantin Makienko, *Les ventes d'armes de la Russie* **à** *la Chine Aspects stratégiques et économiques*, Centre d'analyse des stratégies et des technologies, Moscou. Manuscrit clos en avril 2003.

5. http://fr.rian.ru/analysis/20081219/118956544.html

6. http://fr.rian.ru/analysis/20081219/118956544.html

7. http://www.spyworld-actu.com/IMG/_article_PDF/article_6902.pdf

Pour cette raison, la Russie avait développé les trois satellites GLONASS 17 en coopération étroite avec l'Inde. Ils devaient former l'ébauche d'un système GNSS basés sur le système russe GLONASS. Ce projet était prometteur, puisque les satellites avaient été lancés. Mais les Russes ne semblent pas avoir vu arriver, ou pris suffisamment au sérieux, les industriels américains soutenus par leur diplomatie.

En effet, le gouvernement indien, et en particulier son ministre de la défense, A.K. Antony, avaient commencé à s'inquiéter de leur dépendance trop importante avec la Russie[1] : leur défense stratégique dépendait intégralement de matériel russe, sans pouvoir bénéficier d'offsets technologiques. Or, ainsi que le soulignait régulièrement AK Antony, l'Inde voulait maîtriser ses propres technologies de défense et de souveraineté, varier ses approvisionnements stratégiques et permettre à ses entreprises de se développer[2]. Depuis 2004, l'Inde s'est ainsi tournée, progressivement et partiellement, vers les États-Unis et Israël pour son industrie de défense[3].

2.2. Les États-Unis, partenaires stratégiques de l'Inde ?

Les États-Unis ont revu leur politique d'exportation d'armes afin de faciliter la vente d'équipement à des pays considérés comme « amis » comme l'Inde, et tout en maintenant les restrictions vers des acheteurs non-autorisés. Une directive de contrôle des exportations officialisée le 22 janvier 2008 par George W. Bush permettait que le « commerce des armes supporte la politique de sécurité des États-Unis ». Cette réforme initiée par le conseil de sécurité américain, le département d'état et le département de la défense devait améliorer le processus d'approbation des exportations de matériels, de services et de savoir-faire.

Les immenses besoins d'infrastructures de l'Inde, son ambition affichée de devenir une grande puissance et de détenir l'arme nucléaire, ses acquisitions croissantes d'armement, faisaient de l'Inde un pays à fort potentiel. Ainsi le groupe Ratan Tata Industries (plus précisément sa filiale Tata

1. Syed Adnan Ali Shah, "Indo-Russian Relations, Prospects for the 21st Century", *Strategic Studies*, vol. 24, n° 3, 2003, p. 23-51.

2. Ronak D. Desai, *op. cit.*

3. Ronak D. Desai, *The Future of Indo-Israeli Relations*, The Diplomat, Baltimore (Md.), The Johns Hopkins University, août 2004.

Advanced Systems, TAS) s'associa avec le groupe aéronautique européen EADS pour répondre à un appel d'offres de New Delhi pour conception et le déploiement d'un système de télécommunications militaires. Le marché d'un milliard de dollar avait pour objet de remplacer l'ensemble du système de télécommunication tactique de l'armée indienne AREN, qui doit desservir les troupes indiennes qui comptent plus de 3 300 000 militaires. Ratan Tata a déclaré que « TAS et EADS pouvaient concevoir et équiper l'armée indienne de l'un des systèmes de télécommunications de combat les plus sophistiqués qui soient et, en même temps apporter une contribution significative à l'industrie technologique indienne »[1].

Historiquement, l'Inde est un pays « non aligné qui a conservé l'habitude d'équilibrer ses dépenses militaires, entre groupes russes – par exemple les chars – tout en augmentant la part de ses fournisseurs occidentaux ces dernières années. Pour les Indiens, souvent très impliqués dans ces domaines de la souveraineté ou de la défense, la question des offsets (transferts de technologies) reste une condition très importante de réussite. Et cela est très clairement affiché.

De même, dans le cadre du « méga-contrat » de 126 appareils de combat destinés à moderniser la flotte de combat indienne[2], les Russes ne sont plus d'indiscutables favoris[3]. Eurofighter (avec le Typhoon), SAAB (avec le JAS-39 Gripen), Rafale (Dassault)[4] et Boeing (avec le F-18 E/F)[5] avaient décidé de tenter de remporter ce marché. Les transferts de technologies aéronautiques et électroniques vers Tata et HAL[6] ont toujours fortement pesé dans le choix indien : création d'une joint-venture, fabrication des appareils en Inde, formation d'ingénieur dispensée…

---

1. http://www.performancebourse.com/actualites/ratan-tata-tata-group-s-allie-avec-eads-pour-un-marche-de-telecoms-militaires,542.html

2. http://www.aujourdhuilinde.com/informations-inde-competition-internationale-pour-obtenir-le-contrat-d-achat-indien-de--avions-de-chasse-318.asp?1=1

3. http://fr.rian.ru/defense/20080227/100178897.html

4. http://www.boursier.com/vals/FR/defense-dassault-et-eads-en-lice-pour-le-contrat-du-siecle-a-l-inde-news-282225,5730.htm

5. http://fr.reuters.com/article/businessNews/idFRPAE5130DR20090204

6. http://www.lepoint.fr/actualites-monde/avions-de-combat-c-est-parti-pour-le-contrat-indien/1648/0/242830

Le constructeur aéronautique américain Boeing et le conglomérat indien Tata avaient conclu un accord portant sur la création d'une société commune qui produira en Inde des composants destinés aux activités de défense de Boeing [1].Cette société, officiellement créée en juin 2008, devait produire des pièces pour les chasseurs F-18 et les avions P-8. Le carnet de commande initial de cette société commune était estimé par les deux parties à 500 millions de dollars. Les deux partenaires étudièrent même la possibilité de créer un centre de recherche et développement par le biais de cette nouvelle filiale. Les deux groupes annoncèrent, le 6 février 2008, que Tata allait produire des composants de la structure du futur long-courrier de Boeing, le 787 Dreamliner, dont les premières livraisons ont été repoussées au début 2009 [2].

Désormais, la société française Dassault, proposant l'appareil omnirôle Rafale, semble avoir un avantage. Outre la qualité de l'appareil, les négociations sur les offsets semblent avoir été déterminantes.

Les systèmes de GNSS s'inscrivent dans ce contexte : ce sont des projets stratégiques, susceptibles d'assurer plus encore la souveraineté de l'Inde, et pour lesquels les offsets technologiques sont de très haut niveau, et avec des retombées dans de nombreux autres secteurs [3]. Andy Zogg, vice-président de Raytheon, avait ainsi confirmé la volonté de coopérer avec les agences ISRO et AAI indiennes pour le développement, le déploiement et l'optimisation du GNSS indien GAGAN [4]. Des accords avec les universités technologiques de Bengalore et Gurgaon ont été conclus pour former les ingénieurs indiens sur les technologies spatiales et de géolocalisation [5]. Toutefois, Raytheon ne s'était pas limité aux technologies civiles de géolocalisation et de référencement pour s'imposer en Inde. Concomitamment,

1. http://archives.lesechos.fr/archives/2008/lesechos.fr/02/14/300242022.htm

2. http://www.boeing.com/commercial/news/2008/q1/080206c_nr.html

3. Voir tableau comparatif : Isabelle Facon, Konstantin Makienko, La coopération militaro-technique entre la Russie et la Chine : bilan et perspectives, Recherches & Documents, FRS, juillet 2006, p. 60. Ce choix témoigne d'ailleurs de l'effort des forces indiennes en vue d'une amélioration significative de ses capacités.

4. Déclarations faites dans le cadre du salon aéronuatique de Farnborough (Grande-Bretagne) de juillet 2007. http://www.india-defence.com/reports/2239

5. http://www.gpsdaily.com/reports/Raytheon_Completes_Demonstration_of_Space_Based_Navigation_System_in_India_999.html

d'appréciables contrats de coopération militaire avaient été également signés.

Le 31 janvier 2003, l'Inde et le gouvernement américain avaient signé un très important contrat portant sur l'achat de huit systèmes radar de contrebatterie AN/TPQ-37 Firefinder développés par Raytheon Systems et Thales, et le support logistique associé [1]. Ce contrat comprenait les systèmes de communications, les générateurs, les remorques, la formation, les services logistiques, les pièces détachées et les réparations, la formation et les services en termes de qualité et de logistiques associés. La valeur de ce contrat de type FMS (*Foreign Military Sales*, ventes militaires à l'étranger) était d'environ 160 millions d'euros. Les négociations définitives de ce contrat se sont achevées fin avril 2008 [2]. Des représentants de l'armée américaine et du ministère de la Défense indien s'étaient réunis à Washington pour finaliser le premier contrat FMS avec l'Inde depuis 1990. Fin février 2002, la DSCA (*Defense Security Cooperation Agency*) et l'USASAC (*Army Security Assistance Command*) avaient envoyé une équipe à New Dehli pour entamer des discussions intergouvernementales concernant ce système [3].

Le système AN/TPQ-37 Firefinder est un radar à longue portée de localisation des armes qui détecte et localise rapidement les armes à longue portée ennemies, sous-entendu pour l'Inde, des systèmes missiles pakistanais, mais aussi probablement des systèmes chinois. Or, il faut savoir que le géoréférencement des stations du système AN/TPQ-37 et la synchronisation des informations en temps universel sont assurés grâce au signal GPS. Raytheon avait toutefois prévu qu'à terme, géoréférencement et synchronisation en temps [4] pourraient être assurés par le système GAGAN.

1. http://www.thalesraytheon.com/fr/presse-et-medias/actualites-et-communiques-de-presse/detail-dune-actualite/period/1041375600/31535999/list/back/54/article/thalesraytheonsystems-obtient-un-avenant-de-38-millions-de-dollars-du-gouvernement-indien-portant-su.html

2. http://www.thalesraytheon.com/fr/presse-et-medias/actualites-et-communiques-de-presse/detail-dune-actualite/back/32/article/thalesraytheonsystems-awarded-contracts-for-firefinder-weapon-locating-and-sentinel-air-defense-rada-1.html

3. Defense Security Cooperation Agency, *India signs agreement to buy firefinder weapon locating radar*, communiqué de presse, 12 avril 2002.

4. En effet, vue la vitesse, supersonique, d'un missile balistique, il est nécessaire de synchroniser radar et déclenchement des tirs de contre-batterie à la microseconde près. Les délais de trajets du signal (à la vitesse de la lumière) rendent impossible une telle précision. D'où la nécessité d'employer une référence de temps ultra précise : le signal de l'horloge atomique embarquée par les satellites GPS.

Mêlant technologies civiles, duales, et militaires, les États-Unis investissaient ainsi progressivement, et avec efficacité, le marché indien. Ils faisaient de plus de l'Inde un allié stratégique, tandis que les relations avec l'allié pakistanais devenaient de plus en plus difficile à gérer, et que la Chine devenait, manifestement, le nouvel adversaire des Etats-Unis. La radionavigation, avec le GPS (SNAS et WAAS) et GAGAN, devint une composante de la coopération entre les Américains et les Indiens. Le GPS fut donc, par le biais d'une coopération pour concevoir le système GAGAN, l'un des instruments de la politique et de la stratégie de partenariat américaines en Inde.

2.3. L'Europe et l'Inde : un rendez-vous raté

GALILEO devait permettre, sur une période d'exploitation de 18 ans, de créer plus de 140 000 emplois hautement qualifiés, principalement dans les industries participant au programme européen et dans les entreprises de services utilisant la navigation par satellites[1]. La mise en place opérationnelle de GALILEO et de la prochaine génération du GPS (GPS III) préfigurent déjà pour les vingt années à venir la deuxième génération du système mondial de navigation par satellites, GNSS 2. Des accords de participation ont été signés avec plusieurs pays comme la Chine, l'Inde, Israël, l'Ukraine. D'autres systèmes de navigation se développent pour la Chine, le Japon, l'Inde ou le Brésil. Toutefois, les accords signés peuvent paraître incomplets : ils concernent l'utilisation de services, l'interopérabilité, etc., mais pas les transferts de technologies, qui sont pourtant un facteur clé de succès pour négocier avec l'Inde par exemple. Sachant que la Chine a initié des coopérations pour pouvoir fabriquer les boîtiers de réception GALILEO, un accord avec l'Inde aurait pu permettre de faire contrepoids, s'il avait intégré des offsets. L'accord actuel du 7 septembre 2004 ne paraît pas suffire à développer un partenariat stratégique[2].

Un autre facteur dessert l'Europe en Inde : la situation, visiblement délicate, du programme GALILEO. Les divisions politiques, la complexité de l'organisation, les retards dans la création de la GOC (*GALILEO Operating*

1. http://www.esa.int/esaCP/Pr_66_2003_p_FR.html

2. « L'UE et l'Inde concluent un accord », http://www.futura-sciences.com/fr/news/t/univers/d/GALILEO-lunion-europeenne-et-linde-concluent-un-accord_7119/

Company), concessionnaire du système,...rendirent très circonspectes les autorités indiennes.

Par conséquent, face au GPS réputé contrôlé par l'armée américaine – de notoriété publique – et au système GALILEO qui progresse de manière chaotique, voire incertaine, les pays technologiquement capables de prétendre au GNSS ont préféré prendre le risque de développer leur propres systèmes. La Russie, l'Inde et la Chine sont devenus des concurrents sérieux. La Chine pourrait conquérir le marché mondial des récepteurs avec ses bas coûts, intégrant les signaux de Beidou et du GPS. Or, si les Américains ont su céder certains offsets très avantageux, ils ont aussi su conserver les infrastructures de contrôle du signal, et donc la mainmise sur le système. L'Europe ne semble pas encore s'être positionnée pour gagner en influence, en facteur d'échelle économique ou industrielle.

GAGAN aurait pu être une opportunité pour l'Europe d'aider l'Inde à développer son propre GNSS. Mais, entre faible coopération et retard de programme, l'Inde ne semblait rien avoir à y gagner, d'autant plus que dans le même temps, comme on l'a vu, les États-Unis avaient fait preuve d'une intense activité et d'une grande persuasion. Il restait alors le marché chinois. Mais, de nombreux indices laissent présumer que ce marché va se refermer et, même pire, pourrait très certainement profiter plus que l'Europe des retombées économiques de GALILEO.

3. LA POSITION DE LA CHINE

Quelle coopération avec le consortium GALILEO ?

Le système de radionavigation européen GALILEO devait entrer en fonctionnement en Chine en fin d'année 2008[1].

La Chine avait rejoint le projet GALILEO, dès 2004, avec une participation de 200 millions d'euros comprenant la conception et le développement d'équipements embarqués et la formation d'ingénieurs chinois aux techno-

1. Voir « Loyola de Palacio salue le feu vert pour un accord entre l'UE et la Chine », 27 octobre 2003, http://europa.eu/rapid/pressReleasesAction.do?reference=IP/03/1461&format=HTML&aged=1&language=FR&guiLanguage=fr

logies de GALILEO[1]. D'ailleurs, outre la Chine, l'Union européenne a déjà signé des accords de coopération avec les États-Unis, Israël[2], l'Ukraine[3], l'Inde, la Corée du Sud[4] et en janvier 2008 avec le Maroc [5,6].

Pourtant, fin octobre 2006, les autorités chinoises avaient effectué un revirement[7], en optant pour le développement de leur propre système, Beidou[8], refusant finalement toute association sur le projet GALILEO et même GPS[9]. Le système de navigation chinois Beidou est loin d'être récent. Pourtant, lorsque l'Union européenne avait établi le business plan de son système GNSS GALILEO, elle était partie de l'hypothèse que le système chinois ne serait utilisé que dans des applications militaires, ce qui lui permettrait de vendre facilement son système en Chine. Pourtant, selon l'agence de presse officielle Xinhua, le système Beidou a commencé à fournir, depuis le début 2008, un niveau « ouvert » de service, avec une précision annoncée de 10 mètres. Certes, le terme « ouvert » tel qu'il est entendu par les autorités chinoises peut avoir une toute autre signification pour le reste du monde. Mais il apparaît que le service sera apparemment disponible gratuitement à l'ensemble des utilisateurs.

La position du gouvernement chinois, qui d'un côté donne une contribution d'un montant de 200 millions d'euros pour participer au financement du programme européen (sur un coût total de 2,5 milliards d'euros), et qui, dans le même temps, développe son propre système Beidou, et coo-

1. http://french.peopledaily.com.cn/french/200310/28/fra20031028_63655.html

2. http://europa.eu/rapid/pressReleasesAction.do?reference=IP/04/900&format=PDF&aged=1&language=FR&guiLanguage=en

3. http://europa.eu/rapid/pressReleasesAction.do?reference=IP/05/1515&format=HTML&aged=0&language=FR&guiLanguage=en

4. http://europa.eu/rapid/pressReleasesAction.do?reference=IP/06/1170&format=HTML&aged=0&language=FR&guiLanguage=fr

5. http://europa.eu/rapid/pressReleasesAction.do?reference=IP/05/1384&format=PDF&aged=1&language=FR&guiLanguage=fr

6. http://www.aeronautique.ma/Le-Maroc-rejoint-GALILEO_a64.html

7. http://www.esa.int/esaNA/SEM5CT9ATME_index_0.html : en effet, jusqu'en septembre 2006, les colloques, échanges, etc. sur le sujet étaient dans une dynamique plutôt positive.

8. http://www.newscientist.com/article/dn10472-chinas-satellite-navigation-plans-threaten-GALILEO.html

9. http://www.theinquirer.fr/2006/11/10/la_chine_se_detourne_de_galile.html et sur http://www.theinquirer.net/inquirer/news/508/1050508/china-plans-satellite-navigation

père avec les États-Unis pour concevoir un système SNAS GPS-compatible, peut sembler étrange.

La contribution de 200 millions d'euros avait laissé présumer que la Chine achèterait le produit européen. Or, en dépit de cette coopération financière, selon le journal *New Scientist*, certaines sociétés privées ont été encouragées à opter pour le système Beidou pour obtenir un contrat avec le gouvernement chinois[1].

À ce stade, plusieurs remarques s'imposent. Tout d'abord, 200 millions d'euros représentaient une somme très limitée pour un pays comme la Chine. Il semble désormais que les instances européennes et les industriels du consortium ont probablement été trop optimistes en voyant là une coopération sans faille et exclusive de la Chine. De plus, le terme de « coopération » ne signifie pas exclusivité.

Le centre du système GALILEO chinois siège à l'université de Dongnan. D'après Li Jianqing, directeur du département de Technologie de l'université de Dongnan[2] la Chine a investi 200 millions d'euros dans ce projet de coopération non pour développer le produit, mais dans le cadre d'une coopération technique entre l'université de Nanjing[3] et l'université de Pise. L'université chinoise devait se charger principalement de la recherche et du développement sur les récepteurs, les puces, et les techniques de communication ainsi que la formation de personnel qualifié. Outre l'aspect académique, pertinent, cette coopération a permis à la Chine de mener la R&D sur les terminaux GALILEO. Avec son investissement de 200 millions d'euros, les autorités chinoises semblent en pratique avoir acquis des offsets technologiques.

Le GPS étant gratuit, il est probable que les services de GALILEO seront amenés à s'aligner et à devenir gratuits. Les satellites et stations sol de réception étant des infrastructures, ils seront nécessairement des centres de coût. Ainsi, les industries chinoises ont, dans le cadre de cette coopéra-

1. Michaël Shaw, porte-parole de l'US Satnav coordination office à Washington, se réjouissait ainsi de la situation : « *La Chine se comporte à l'égard de* GALILEO comme l'Europe voulait se comporter à l'*égard du GPS américain* » (source, *NewScientist*, 11/11/06, p.7).

2. http://french.china.org.cn/french/279550.htm

3. http://www.gpsdaily.com/reports/China_To_Use_GALILEO_Satellite_Navigation_System_999.html

tion, acquis les technologies permettant de concevoir et fabriquer le composant ayant une rentabilité, les terminaux, comme cela a été démontré par le GPS. Fabriqués en Chine, ils seront bien moins onéreux que des systèmes équivalents fabriqués en Europe. En première approche le risque est que l'Europe devienne détentrice des centres de coûts du système (satellite, stations sol,...), tandis que la Chine récupérera les centres de profits avérés, avec les terminaux. Il subsiste le cas particulier des services, que les industriels européens estiment devoir être payants. Cette perspective demeure envisageable, mais face à une concurrence offrant de nombreux services gratuits, elle mériterait d'être relativisée sauf à apporter de substantiels bénéfices.

4. LE TRAFIC AÉRIEN, ENJEU-CLÉ DE LA MAÎTRISE DES SYSTÈMES DE GÉOLOCALISATION

4.1. Prémices

Lors des présentations par les industriels, EADS[1] ou Thales[2] par exemple, la précision et la couverture de GALILEO sur les pôles est toujours présentée comme bien supérieure à celle du GPS et de GLONASS. Pourtant, vue la très faible densité de personnes à ces latitudes, ce type d'avantage pourrait sembler bien dérisoire. Il est alors important de s'interroger sur l'utilité d'un tel « avantage concurrentiel ». L'intérêt important des pôles concerne les routes commerciales des compagnies aériennes ou maritimes qui, pour beaucoup, passent par ces points. Avec l'augmentation du prix du pétrole, l'optimisation est devenue une nécessité absolue. De fait, un écart de trajectoire, multiplié, se traduit par des coûts très importants. Or, GALILEO doit permettre d'assurer le suivi du trajet optimal, y compris au-dessus des pôles.

Les nouveaux GNSS ont vocation à assister le guidage d'un avion, même en phase d'approche finale et lors de conditions de vue « zéro mètre », car leur précision tant dans le plan vertical que dans le plan horizontal ne devraient pas dépasser 1 mètre, avec un délai de transmission inférieur à

1. http://www.eads.com/1024/fr/pressdb/archiv/2005/2005/fr_20050125_GALILEO_inavsat.html

2. http://ohd2007.esisar.inpg.fr/ppt/INV8.pdf

0,6 seconde. GALILEO offrant une meilleure couverture de réception et une meilleure précision, il apparaît que le marché de l'aviation commerciale s'inscrit parmi ses priorités.

4.2. La position actuelle des principaux avionneurs sur les APV (*APproach with Vertical guidance*) et le GNSS SBAS

Airbus et Boeing avaient fait le choix, au cours de la décennie précédente d'investir dans les technologies GNSS ABAS (*Airborne Based Augmentation System*, avec BaroVNAV) et GBAS (*Ground Based Augmentation System*). Ceci avait conduit naturellement l'industrie aéronautique à une promotion forte de ces deux systèmes, en particulier vers l'Organisation de l'aviation civile internationale (OACI, ou ICAO en anglais), ainsi que vers Eurocontrol ou la *Federal Aviation Administration*[1] (FAA)[2].

Or, si l'utilisation du GNSS ABAS avec navigation verticale de type BaroVNAV présente un intérêt certain pour améliorer la sécurité des approches, l'extension de l'utilisation des systèmes BaroVNAV dans un contexte opérationnel APV, visant notamment à réduire les marges de franchissement, pourrait soulever bien des questions liées à la sécurité de ces approches. Ces questions ont été étudiées par l'OACI et les experts français participants aux principaux groupes intervenant dans le domaine : l'*Obstacle Clearance Panel* (OCP), chargé de définir les critères de conception de procédure, l'Operations Panel, chargé de définir les procédures opérationnelles des équipages, et le *Navigation Systems Panel*, chargé de définir les normes et pratiques recommandées pour les systèmes de navigation. L'OACI devait coordonner les travaux de ces groupes afin de définir, et éventuellement standardiser, des moyens d'atténuation des risques introduits par les défaillances potentielles de la BaroVNAV en APV. Mais compte tenu notamment de la grande disparité des systèmes actuellement déployés, cette mission a été et reste complexe. Par ailleurs le GBAS qui semblait

1. http://www.faa.gov/

2. ABAS (*Airborne Based Augmentation System*) ; GBAS (*Ground Based Augmentation System*) ; SBAS (*Satellite Based Augmentation System*) ; FANS (*Future Air Navigation Systems*) ; APV (*APproach with Vertical guidance*) ;
http://www.dsna-dti.aviation-civile.gouv.fr/actualites/revues/revue67/67pgarticle5/apvegnos_b.htm
http://www.icao.int/icao/en/ro/wacaf/apirg/sg/2007/CNS_SG2/CNSSG2wp18_fr.pdf

pouvoir succéder à l'ILS (*Instrument landing system* ou système d'approche aux instruments)[1], depuis les années 2000, souffre encore, en 2014, de la conjonction de plusieurs facteurs défavorables. Tout d'abord, il existe toujours une forte densité de moyens conventionnels Cat I, en particulier ces ILS, et leur démantèlement n'est pas prévu dans un avenir proche[2]. De plus, le GBAS Cat I devait être une première étape vers le GBAS Cat II/III, or il existe toujours certains doutes quant au planning Cat II/III (la mise en œuvre internationale du GBAS Cat II/III n'est aujourd'hui pas prévue avant 2015) et à son architecture future.

Il n'est donc pas certain que les compagnies aériennes clientes d'Airbus et Boeing puissent tirer véritablement parti des bénéfices promis par les technologies ABAS BaroVNAV et GBAS, du moins à court terme.

4.3. Le déploiement des approches SBAS (WAAS) aux États-Unis

La mise en œuvre des approches utilisant le GPS (le cas échéant avec un complément ABAS) avait débuté aux États-Unis en 1994. 3 300 pistes qualifiées IFR disposaient en 2008 d'une procédure d'approche GNSS. Environ 700 pistes sont également munies de la possibilité de faire une approche APV/BaroVNAV[3]. Le système WAAS a été approuvé pour une utilisation en IFR par la FAA en Juin 2003.

4.4. Le déploiement des approches SBAS (EGNOS) en France et en Europe

Le déploiement des approches GNSS en Europe a été assez limité, notamment en comparaison des États-Unis. En France, la stratégie approuvée aujourd'hui par la Direction générale de l'aviation civile (DGAC) pour la mise en œuvre des approches basées sur le GNSS et l'introduction du guidage vertical APV devrait être déclinée en deux étapes. La première étape doit consister en la généralisation des approches de non précision basées sur le GNSS ABAS pour le guidage latéral. La seconde étape devrait

1. www.casa.gov.au/pilots/download/ILS.pdf

2. http://www.casa.gov.au/pilots/download/ILS.pdf

3. http://www.dsna-dti.aviation-civile.gouv.fr/actualites/revues/revue67/67pgarticle5/apvegnos_d.htm

conduire à des approches APV qui seront introduites pour l'ensemble des usagers avec les APV I ou II EGNOS [1].

4.5. Les limites

La robustesse de la navigation par satellite n'est pas évidente vis-à-vis de la malveillance ou de la maladresse, qui peuvent amener à des brouillages du signal. Une version chiffrée et durcie, capable de résister au brouillage semble donc indispensable pour un GNSS. GALILEO se devait de disposer de cette capacité. À l'été de 1998, le Forum GNSS créé par la direction générale des Transports (DG VII) de la Commission européenne avait commencé à traiter la question. Un groupe de travail a été chargé du volet sûreté pour GALILEO [2].

D'autres limites, possibles, pourraient résulter de l'évolution constatée en 2008 des cours du pétrole, qui pénalise l'aviation commerciale [3] ou de la crise économique [4]. Ces augmentations de coûts devraient obliger les compagnies aériennes à optimiser les aéronefs, les routes commerciales,... ce qui se traduirait paradoxalement par des achats très importants d'avions neufs pour remplacer les modèles plus anciens, beaucoup plus consommateurs de kérosène [5]. Par conséquent, l'augmentation du prix du baril peut être à la fois une opportunité si les compagnies investissent pour optimiser les trajectoires, ou un verrou si elles réduisent leur trafic.

Même dans l'hypothèse optimiste, GALILEO ne serait pas nécessairement le mieux positionné. En 2012, le GPS NG a commencé son déploiement avec des performances de couvertures et de précisions équivalentes à celles de GALILEO, qui ne sera opérationnel, au mieux, qu'en 2015. Or, le premier arrivé sur un marché mature en devient souvent le leader [6]. Le

1. http://www.eurocontrol.int/ecip/gallery/content/public/ECIP%202008-2012_synthese.pdf

2. O. CareL, « Le GNSS et la sûreté de l'aviation civile », *Navigation*, vol. 47, n° 186, 1999, p. 160-166.

3. http://www.easybourse.com/Website/article/8253-les-compagnies-aeriennes-planchent-sur-le-petrole-cher.php

4. Communiqué de presse de l'OACI, *Les répercussions de la crise économique sur la croissance du trafic en 2008. Les prévisions à moyen terme de l'OACI laissent présager une reprise de l'activité en 2010*, PIO 16/08, Montréal, 18 décembre 2008.

5. http://acipa.presse.free.fr/Articles/LeMonde20080727.pdf

6. J. Orsoni, J.-P. Helfer, et Jean-Louis Nicolas, *Marketing*, 10e édition, Vuibert, septembre 2007.

GPS dominant déjà très largement ces marchés [1] (voir les études de Jacques Orsoni, Jean-Pierre Helfer, et Jean-Louis Nicolas [2]), l'arrivée d'un nouvel entrant paraît bien compromise.

5. LE MARCHÉ DES FLOTTES DE NAVIRES MARCHANDS

5.1. États du trafic maritime[3]

Le trafic maritime mondial augmente fortement avec la mondialisation des échanges. Ses volumes avaient ainsi augmenté de 67 % entre 1970 et 2000 (2,3 % par an de croissance en moyenne), pour dépasser les 5,88 milliards de tonnes en 2001. La flotte marchande avait vu son tonnage multiplié par 2,5 sur la même période. Le commerce maritime représentait environ 75 % du commerce mondial en poids et 66 % en valeur. Le transport maritime, peu connu car peu médiatisé, reste le premier moyen de transport de biens manufacturés, notamment en raison de ses coûts bien inférieurs à ceux de l'aviation commerciale. En 2007, le trafic maritime représentait 91% du trafic mondial des marchandises (en volume), soit 6 milliards de tonnes. Les cartes du trafic mondial sont très instructives sur ces points[4]. Ainsi, de nouvelles routes majeures de trafic maritime se déploient encore au sud, longeant le continent antarctique, afin de décongestionner les axes dits « majeurs », et en particulier les détroits. De plus, de nouveaux itinéraires commencèrent à se développer dans l'arctique, longeant la banquise statique. Il y avait donc là tout intérêt à disposer d'un système de géolocalisation performant en termes de couverture et de précision sous ces latitudes, tel que GALILEO. La situation est donc identique, sur ce point, à celle de l'aviation commerciale. De plus, les détroits, points de passage obligés, concentrent des flux toujours croissants et constituent des maillons sensibles des routes maritimes. Or, la navigation au sein de ces détroits demeure très complexe.

1. www.euromedtransport.org/fileadmin/download/maincontract/wg_gnss/wg2_id_gnss_projectsummary_fr.pdf

2. M. de Vries, « GNSS : pour un nouveau défi aérospatial de l'Europe aux USA », *Navigation*, 1999, vol. 47, n° 185.

3. http://www.cnt.fr/topic.php3?id_topic=7

4. A. Frémont, « Les routes maritimes : nouvel enjeux des relations internationales », *CAIRN*, n° 69 2008/1.

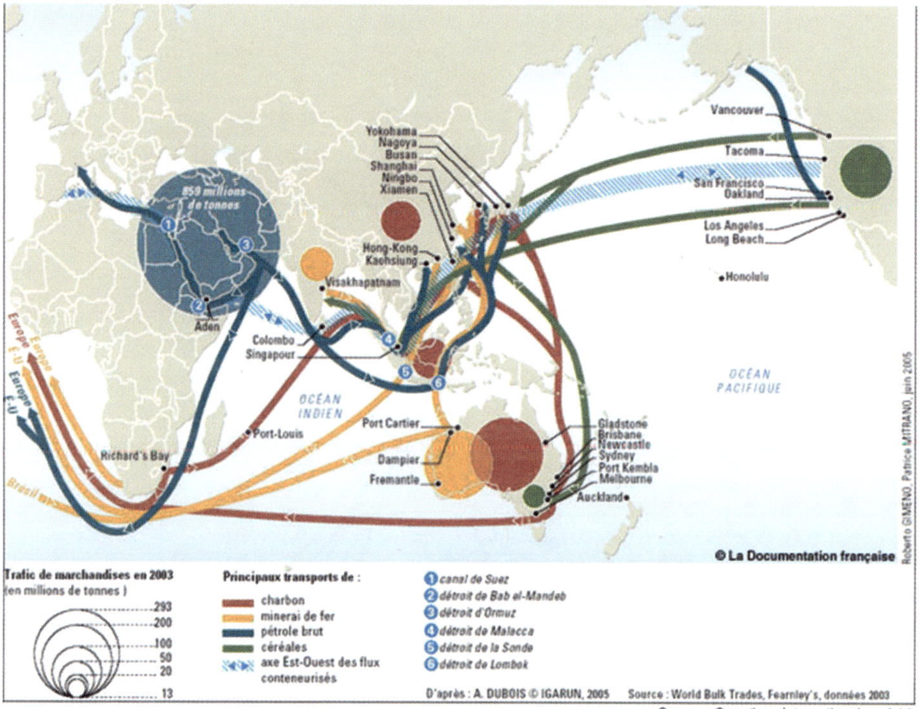

Source : Questions internationales n° 14

Carte des routes de la zone Pacifique – océan Indien
(source : La Documentation française).

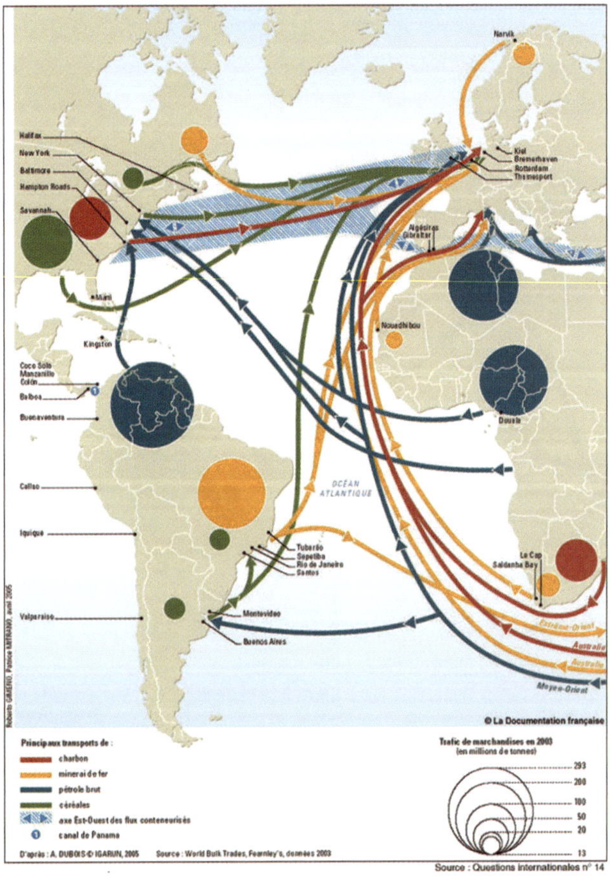

Cartes des routes pour la zone atlantique (source : La Documentation française).

5.2. Le rôle crucial de la géolocalisation et de la radionavigation dans les détroits

Les détroits internationaux ont également une grande importance géopolitique, économique et stratégique[1]. La proximité des rives confère à ces lieux une dimension géostratégique particulière[2]. La logique militaire a toujours justifié de garder les détroits ouverts, et les détroits des Dardanelles ou d'Ormuz sont ainsi restés célèbres dans l'histoire. Ils sont restés dans les mémoires comme des enjeux majeurs pour les questions de sécuri-

1. *Ibid.*

2. A. Vigarié, *Géostratégie des océans*. Caen, Paradigme, 1990.

té et pour le déploiement des forces navales[1]. Les détroits sont ainsi souvent gardés par des bases militaires et demeurent des points stratégiques[2].

Dans les détroits internationaux, les états riverains ne peuvent aménager et gérer ces espaces sans tenir compte du droit international. Ils ne peuvent ainsi pas affirmer unilatéralement leur souveraineté sur les eaux des détroits et restreindre leur franchissement à des navires étrangers. Ils ne peuvent pas non plus imposer des taxes aux navires empruntant ces détroits ou y entraver la circulation. Les détroits présentent des enjeux non seulement pour les états riverains, mais aussi et surtout pour les états utilisateurs, et les compagnies maritimes, en raison, par exemple, des enjeux énergétiques[3].

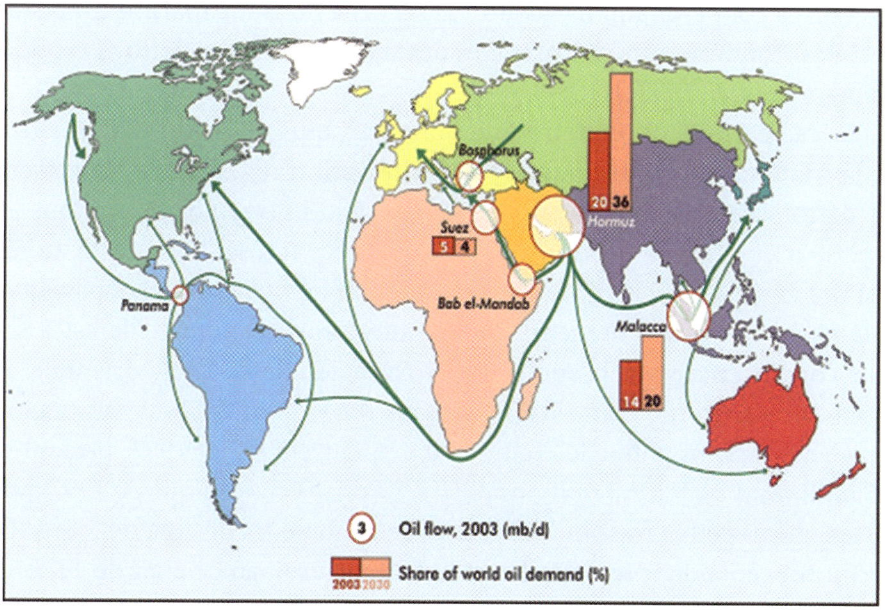

(Source : Conseil économique de défense).

1. UK Hydrographic Office, *Traffic separation schemes – Information concerning schemes shown on Admiralty Charts*, 10 septembre 2004. Disponible sur http://www.hydro.gov.uk/attachments/2004/annual_nms/ANM17%202004.pdf

2. Voir l'article très détaillé de Frédéric Lasserre de l'université Laval du Québec sur ce sujet : « Les détroits maritimes. Réflexion sur des enjeux stratégiques majeurs », *Cahiers de Géographie du Québec*, vol. 48, n° 135, décembre 2004, p. 279-286.

3. Anne-Claire Poirson, Conseil économique de la Défense, *Les détroits stratégiques de l'énergie*, FIG 2007.

La frontière maritime est un type de frontière bien particulier « tandis que le dyade de la frontière terrestre évolue sur le plan de la double dimension, avec une ligne et des contacts de part et d'autre, en travers, la frontière maritime fonctionne en triade, en espace de trois dimensions puisque s'y ajoute le passage en long »[1]. Cette troisième dimension participe directement aux relations entre les États riverains et soulève la question des relations entre riverains et états utilisateurs. L'article de la Convention de Montego Bay (UNCLOS) de 1982 définit ainsi précisément la responsabilité des états riverains et des utilisateurs des détroits concernant l'entretien et le financement des infrastructures de navigation dans les détroits. Du fait du statut international des détroits, le droit international oblige les États riverains à coopérer afin d'y assurer la sécurité du trafic maritime[2]. Le respect des frontières lors des passages des navires dans ces détroits est donc éminemment complexe.

Le cas particulier du détroit de Malacca[3], qui profite du renforcement de la route maritime asiatique et de l'intégration régionale, est instructif. Ce détroit est devenu stratégique car le trafic interrégional asiatique est supérieur en volume depuis 2003 au commerce transatlantique. Si au milieu des années 1980 la route transpacifique (États-Unis/Asie) dépassait en volume le flux des conteneurs de la route transocéanique, elle est à son tour concurrencée par la route maritime régionale de l'Asie orientale. Le trafic intra-asiatique était de 8,5 millions d'EVP[4] en 2000 et son taux de croissance moyen annuelle était de 10,1 % entre 1992 et 1997, passant de 4,8 millions d'EVP à 7,7 millions d'EVP. La crise économique de 1997 avait certes ralenti cette croissance et le flux de conteneurs déclina de 5,8 %. Ce déclin fut cependant temporaire et le taux de croissance était de 11 % en 1999, et se situe actuellement environ à 5 % par an.

1. Philippe Pelletier, *L'extrême océan, enjeux territoriaux*, Le Cavalier Bleu, Collection Idées reçues, 2004.

2. Convention de Montego Bay de 1982, qui définit les règles de passage en transit dans les détroits.

3. Marion Badot, La sécurisation du détroit de Malacca : un défi pour l'Asie du Sud-Est, CEREM (Centre d'études et de recherche de l'Ecole militaire), document interne, 2005.

4. EVP : conteneur "équivalent vingt pieds". L'EVP est devenue une unité de mesure de fait des flux commerciaux.

Considéré comme « vital » par le Japon (41 % des importations totales et notamment 80 % de son pétrole, en provenance du golfe arabo-persique y transitent) qui a créé un fonds de soutien pour participer à sa viabilité, le détroit de Malacca est aussi le lieu des nouvelles ambitions chinoises en mer méridionale.

Depuis l'été 1994, Rangoon accorde des facilités supplémentaires d'installation à la République populaire de Chine dans les îles de Sittwe et Zadetkyi, localisées au large de la côte de Tenasserim, à proximité de l'entrée nord du détroit de Malacca. La Chine dispose ainsi d'une présence militaire des deux côtés du détroit de Malacca, et d'avant-postes maritimes défensifs. Elle était donc considérée comme une menace potentielle pour les pays de l'ASEAN[1] et pour le Japon dans la mesure où les flottes militaires chinoises avaient désormais la possibilité de bloquer l'accès au détroit de Malacca.

Ce détroit est également stratégique pour les États-Unis, en particulier pour bloquer les importations chinoises ou, réciproquement, protéger celles du Japon, en cas de crise. Après les attentats du 11 septembre 2001, la militarisation de l'océan Indien et le rapprochement militaire entre les États-Unis et l'Inde se sont accélérés et le détroit de Malacca a été placé sous une surveillance accrue. Les marines nationales américaines et indiennes ont notamment intensifié leurs patrouilles communes : près de 400 en 2007, 217 en 2002 contre seulement 25 en 1998.

Enfin, il faut rappeler les ambitions de la Malaisie et de l'Indonésie sur ce détroit, et leurs tentatives d'appropriation mutuelles de ce détroit au lendemain de l'indépendance. À la suite de la Convention de Genève de 1958, les gouvernements indonésien et malaisien étendirent la limite de leurs eaux territoriales à 12 milles nautiques (22,2 km). Le détroit de Malacca, dont la largeur est inférieure à 20 milles dans sa partie la plus étroite, se trouve donc recouvert par les eaux nationales des deux pays, menaçant la libre circulation maritime. Le 16 novembre 1971, les deux gouvernements déclaraient conjointement que le détroit de Malacca n'était pas un détroit international, mais qu'ils autorisaient son franchissement par des navires étrangers en vertu du principe de « passage innocent »[2]. La Convention de

1. Association of South East Asian Nations.
2. http://www.un.org/Depts/los/convention_agreements/texts/unclos/closindx.htm

Montego Bay[1] du 10 décembre 1982[2] avait définitivement réglé ce différend en définissant le régime de « passage en transit » : cette disposition est un compromis entre le « droit de passage inoffensif » et « la libre circulation maritime et aérienne en haute mer ». La Malaisie et l'Indonésie furent donc contraintes d'adopter ce régime du « passage en transit »[3] et de respecter le libre passage des navires sur une voie navigable internationale. Lors de la deuxième conférence internationale sur les détroits de Malacca et de Singapour organisée à Singapour en 1999[4] conjointement par le *Singapore's Institute of Policy Studies* et l'Organisation Maritime Internationale (OMI), les prises de position des représentants indonésiens, malaisiens et singapouriens confirmèrent la persistance des tensions et des revendications.

Par conséquent, le navire qui passe par ce détroit, sujet de toutes les ambitions et de toutes les préoccupations, ne doit pas faire d'écart sur sa trajectoire. À ce titre, plusieurs balises radio de radionavigation côtière ont donc été déployées, afin de bien contrôler la route maritime de ce « passage de transit ». Les autres détroits, tel le détroit d'Ormuz, sont dans la même situation, et une erreur de navigation dans ces détroits pourrait avoir des conséquences graves.

Une réponse à ces différends et divergences peut être l'utilisation de systèmes de radionavigation d'origine spatiale, tel le GPS[5]. Précis au mètre près (en configuration SBAS notamment), ils deviennent la garantie pour les états que les navires restent bien dans la zone de transit autorisé.

Pour les navires, l'enregistrement des positions successives (les *way points*[6]), soit de manière native dans les systèmes GNSS, soit sous forme de boîtes noires scellées, devient aussi une garantie de bonne foi et de respect des contraintes, en cas d'arraisonnement injustifié ou de manœuvres d'intimidation. Les deux GNSS principalement utilisés sont actuellement

1. http://www.refer.mg/cop/nature/fr/conv/montbay.htm

2. http://www.un.org/french/law/los/unclos/closindx.htm

3. http://www.un.org/french/law/los/unclos/part3.htm

4. http://www.imo.org/Safety/mainframe.asp?topic_id=476&doc_id=1339

5. N. Fau, *Enjeux et organisations spatiales du détroit de Malacca*, 2004.

6. Chaque GNSS propose une fonctionnalité d'enregistrement des points de passage toutes les *n* minutes. Ces enregistrements, appelés *way points*, permettent, grâce à des logiciels adaptés, de reconstituer une trajectoire sur une carte.

le GPS et GLONASS (système TOPCON[1] par exemple, assez répandu sur les navires marchands).

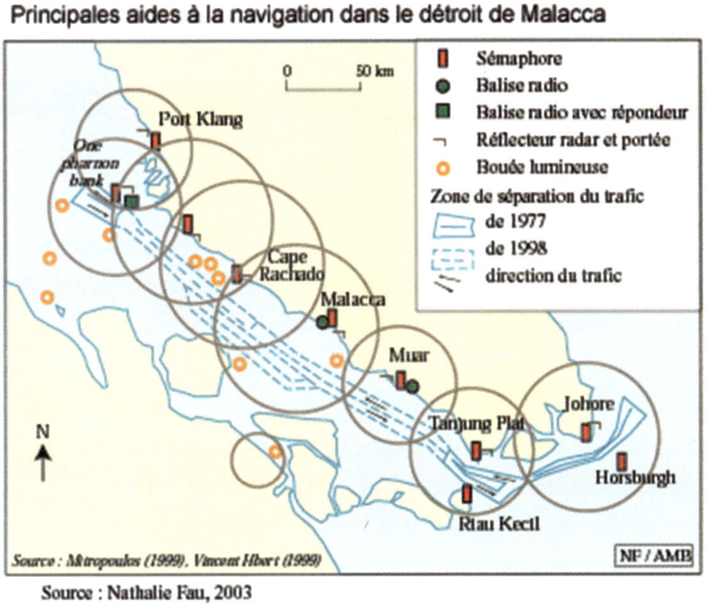

Route maritime de transit du détroit de Malacca
(cartographie de Mme Nathalie Fau, Centre d'Asie du Sud-Est).

Afin d'améliorer la précision des mesures GPS, les Américains ont d'ailleurs installé une station de contrôle et de calcul (*monitoring station*) associée à une station de communication à Kwajalein[2] dans les îles Marshall, très proche du détroit de Malacca. La précision des mesures GPS y est donc renforcée. Les Chinois négocient actuellement l'implantation d'une station Beidou avec la Malaisie, afin de renforcer eux aussi leur présence dans cette région.

Toutefois, les États-Unis ont déployé une *monitoring station* à Diego Garcia, et en modernisent une autre à Oman. En l'espèce, c'est manifestement le détroit d'Ormuz qui semble l'objectif de ces infrastructures. Les Américains ont l'avantage d'être les seuls à disposer d'un système ayant une couverture globale. En effet, les Chinois sont hors de portée pour leur sys-

1. http://www.topcon-positioning.eu/fr/index.asp?pageid=17e888cf11df45f0ba10a6e2465ff381
2. http://tycho.usno.navy.mil/gpsinfo.html

tème Beidou, et les Russes n'ont pas les moyens de déployer des stations de contrôle dans cette région.

Il est clair que GALILEO pourrait mettre en avant la garantie de l'Union européenne, dont les intérêts géostratégiques dans les détroits sont politiquement et diplomatiquement moins intéressés que ceux de la Russie ou des États-Unis.

En définitive et même si le marché est ouvert, le système GPS couvre les points clé du trafic marchand. Tous les détroits, et en particulier les plus sensibles, sont couverts par le GPS. Or, ces détroits sont stratégiques pour l'économie américaine (pétroliers, matières premières, ...) mais aussi pour les autres grandes puissances que sont la Russie, la Chine, l'Inde ou l'Europe.

La question se pose de savoir ce qui se passerait si, d'aventure, le signal GPS était interrompu sur l'une de ces régions. Il faut savoir que les systèmes de bouées et de sémaphores, coutant très chers, ont été progressivement démantelés ou réduits. Par ailleurs, en raison de l'existence du GPS, les principes de la navigation aux étoiles sont peu à peu oubliés. Ainsi, en France, depuis 2002, l'École navale et l'École de la marine marchande n'enseignent plus les cours de navigation aux étoiles et l'utilisation du sextant, remplacés par la navigation GPS. D'un point de vue strictement éducatif et pragmatique, c'est une évolution légitime et sensée. Toutefois, on peut s'interroger sur la réaction des marins s'il s'avérait que le signal GPS était interrompu, volontairement ou non.

Le trafic maritime marchand dans les détroits stratégiques est aujourd'hui complètement tributaire du GPS. GLONASS y a une place marginale, et GALILEO y est encore inexistant. En situation de monopole, avec des services gratuitement offerts, il n'existe aucune raison pour que le GPS perde sa position de leader. De fait, par l'intermédiaire du GPS, les États-Unis demeurent en mesure de contrôler le trafic maritime dans les détroits.

5.3. Le marché des GNSS du trafic maritime

À l'instar de ce qui se produit pour les compagnies aériennes commerciales, les perspectives de marché dans le domaine maritime pour les GNSS sont très importantes. GALILEO pourrait bénéficier de ces perspectives de marchés. Toutefois, il faut constater que si le marché est important, sa croissance est quasi-nulle (ce marché étant considéré comme quasiment saturé). Il s'agit en effet principalement d'un marché de renouvellement[1]. Or si GALILEO pourrait bénéficier de l'effet « européen », ses retards représentent de sérieux inconvénients. En effet, un marché de renouvellement est par définition un marché mature, donc sur lequel les attentes doivent être immédiatement satisfaites. Le risque est donc de voir GPS et GLONASS se partager et dominer ce marché.

6. MARCHÉ DE LA GESTION DES FLOTTES DE VÉHICULES

6.1. GNSS et gestion des flottes de véhicules

Connaître précisément une position à un instant donné est bien évidemment une question vitale pour les tous les types de transports mais cette information peut également jouer un rôle dans la gestion de flottes, le suivi du trafic routier, l'assistance aux véhicules (avertissement d'un danger), voire le paiement automatisé sur un tronçon d'autoroute.

De nombreuses applications et informations intéressent les compagnies de transport : savoir en temps réel où sont ses véhicules, quelles livraisons ont été effectuées, etc. L'application du positionnement par satellite à la gestion des flottes de bus dans une agglomération avait été testée à Besançon[2] en 2007. La localisation des bus équipés de récepteurs GPS s'intégrait dans un système de gestion plus vaste et autorisait de nombreuses applications : gestion du trafic, optimisation des moyens, information aux voyageurs (temps d'attente, prochain arrêt) ou services d'urgence (localisation d'un bus en cas de signal d'alarme). Ces développements, conduits par le laboratoire SeT de l'université technologique de Besançon – Montbéliard, permettait même d'envisager des lignes de bus entièrement automatisées. Les véhicules expérimentaux étaient guidés par GPS, et des capteurs complémentaires (RADAR de proximité, ...) permettaient de traiter les obstacles

1. M. Jeantot, *Appel à projets ULISS 2007 – Utilisation comme levier d'innovation des signaux satellites*, CNES, 2007.

2. http://www.cram-bfc.fr/prevention/PDF_prevention/colloque%20TMS%20oct%202007/convention%20prevention.pdf

imprévus (piétons, véhicules, ...). Un minibus expérimental sans conducteur, lancé le 11 juillet 2007, roulait d'ailleurs sur le campus de l'université [1].

Une gestion « intelligente » (au sens de l'intelligence artificielle [2]) [3] des carrefours avait même été introduite par la Compagnie des Transports de Besançon. Lorsqu'un bus approchait d'une intersection, le système transférait aux contrôleurs de carrefours les informations nécessaires pour la gestion optimale des feux de signalisation: niveau de priorité du véhicule, avance ou retard sur l'horaire, distance au carrefour, ce qui permettait de moduler la priorité accordée aux bus afin de désengorger les autres voies, si nécessaire.

Pour les transporteurs routiers, le marché se développe aussi, fortement, et les attentes évoluent.

6.2. Les applications de contrôle des déplacements

Pour les services de sécurité et d'urgence, des systèmes de géolocalisation adaptés ont été conçus et proposés. On peut ainsi citer le système américain APCO 25 [4] ou le système ANTARES [5] d'EADS utilisant le standard TETRAPOL [6], qui sont destinés au SMUR (service médicale d'urgence et de réanimation), SAMU (service d'aide médicale urgente) et SDIS (services départementaux d'incendie et de secours). Toutefois, pour des raisons de sécurité et de disponibilité du système, les données de géolocalisation ne sont pas transmises par liaison GPRS, mais en VHF sur des canaux spécifiques. En effet, le GPRS [7] permet la transmission de données en bande GSM. Or, en cas de catastrophe, de crise majeure ou de pandémie, les ré-

1. http://www.utbm.fr/index.php?pge=89&lang=fr
2. http://bermudes.univ-bpclermont.fr/gt/transparents/Pres43.pdf
3. Y. Ruichek, F. Gechter, A. Koukam, F. Charpillet, « *Véhicules Intelligents: Perception de l'environnement et Navigation* », *Systèmes embarqués et transports terrestres*, mars 2005, p. 19-24.
4. http://www.apcointl.org/frequency/project25/information.html
5. http://www.eads.com/1024/fr/pressdb/archiv/2007/20071214_eads_ds_antares.html
6. La technologie TETRAPOL est un standard développé par EADS, très proche de TETRA qui, elle, est une norme internationale. http://www.eads.net/1024/fr/businet/defence/dcs/solutions/pmr/products_services/tetrapol_definition/tetrapol_definition.html
7. General packet radio service. Le GPRS est une norme de téléphonie mobile permettant le transfert de données via le téléphone portable. GPRS est de plus en plus remplacé par l'UMTS (*Universal Mobile Telecommunication System*), plus connue sous le nom de « 3G ».

seaux GSM, et donc GPRS, seraient rapidement saturés et rendus indisponibles.

Actuellement, les systèmes de navigation pour les flottes de véhicules sont dans leur grande majorité dépendants du GPS. Par ailleurs, seuls sont facturés les terminaux et les logiciels de surveillance développés par les sociétés privées de gestion de flotte. De fait, le signal GPS est exploité par ces sociétés avant d'être traité. GALILEO devrait en revanche proposer des systèmes de gestion entièrement intégrés.

Toutefois, le modèle économique proposé par GALILEO reste incertain. En effet, chaque flotte de véhicule étant très particulière (en nombre, taille, valeur, ... des véhicules), les solutions spécifiquement adaptées sont privilégiées, et les sociétés spécialisées sont souvent des PME, capables de proposer des solutions souples et réactives au cas particulier de leur client.

6.3. Un nécessaire effort d'intégration

Pour gérer des flottes de véhicules, un effort d'intégration est requis entre l'électronique, l'informatique embarquée, les applications de gestion et les télécoms, tout en évitant les problèmes classiques de compatibilité électromagnétique [1], qui peuvent avoir des effets perturbateurs difficiles à caractériser [2]. Les terminaux et autres dispositifs intégrés demeurent des enjeux technologiques, en dépit du préalable établi par le GPS.

De plus, le marché apparaît encore loin d'être mûr. On compte toujours de nombreux acteurs de petite taille, à la solidité financière incertaine. En termes de communication GPS, il n'existe malheureusement pas de standard ou de normes. Le seul format reconnu est le standard NMEA [3] du GPS [4]. Les protocoles utilisés par les boîtiers sont propriétaires, et les codes sources, qui assurent l'avantage concurrentiel, ne sont donc que rarement connus.

L'éclatement du marché et le manque de standards expliquent le prix élevé des solutions. Un boîtier embarqué coûtait en 2012 entre 1800 et

1. http://www.industrie.gouv.fr/pratique/qualite/direct/direct-05.htm.

2. http://www2c.ac-lille.fr/esti/documentetcours/Cem.pdf : le cours de l'université de Lille sur les problèmes de compatibilité électromagnétique est donné à titre d'exemple.

3. NMEA : *National Marine Electronics Association.*

4. http://www.dtic.mil/ndia/2002infantry/wasil.pdf

2 500 euros. Il existe aussi des solutions en mode hébergé, avec des abonnements de base variant de 25 à 35 euros par mois et par véhicule, auxquels il faut ajouter de 80 à 110 euros pour la location du matériel[1].

De fait, le besoin existe, et la demande est affichée. L'offre de service commence seulement à émerger, mais elle semble s'appuyer sur le GPS, dont les services sont gratuits et les terminaux fabriqués en Chine peu onéreux. Il est à craindre que GALILEO, avec des services payants sur ce segment, ne parvienne que difficilement à s'imposer sur ce marché.

6.4. Un modèle économique très incertain pour le transport routier

Avec l'augmentation du cours du pétrole, les transporteurs ont rapidement noté l'intérêt de cette démarche. Par exemple, en 2012, le coût du gasoil était passé en un an de 60 centimes à 1,06 euro par litre, soit environ 56 % d'augmentation. Pour un véhicule de livraison opérant en zone urbaine ou semi-urbaine, la consommation était d'environ 6 litres de gasoil pour 100 km. Quinze kilomètres consommaient donc 1 litre, et un véhicule effectuait entre 5 et 7 tournées par jour. De fait, chaque véhicule pouvait économiser 150 litres de carburant par mois, soit 95 euros. Sachant que l'abonnement coûte 170 euros par mois à une société, plus le prix du gasoil ou le nombre de véhicule augmente, plus la radionavigation constitue un avantage concurrentiel. Rentabiliser ces systèmes serait encore plus facile si le prix des matériels baissait. Et, notamment, si les constructeurs de camions pré-équipaient leurs véhicules. Il faudrait dans ce cas que des standards émergent, mais très certainement, le GPS devrait s'imposer en tant que standard de fait.

Les principaux coûts sont essentiellement ceux du matériel, les boîtiers de réception notamment. De ce point de vue, la Chine a acquis dans ce domaine un avantage stratégique majeur : toute extension du marché se traduira pour elle par des commandes supplémentaires. Or, les boîtiers des services GALILEO, composante essentielle de la valeur ajoutée, seront certainement majoritairement produits en Chine, ce qui semble se confirmer depuis 2010. GALILEO risque donc, un jour, de s'avérer une éclatante victoire technique des Européens, dont tous les bénéfices économiques iraient

1. http://www.01net.com/article/236435.html

cependant à la Chine[1]. Trop focalisées sur les composantes politiques et symboliques de ce projet, les autorités européennes et leurs industries auront peut-être sous-évalué les enjeux économiques.

7. LES APPLICATIONS DE SURVEILLANCE DU SOL

Ces applications sont très importantes sur le fond, mais demeurent marginales car d'un intérêt géostratégique et commercial très limités[2]. Toutefois, il était nécessaire de les mentionner. La précision de GALILEO permet de répondre aux besoins de surveillance sismique[3], par exemple, ou de surveillance de l'intégrité d'ouvrages publics et d'infrastructures routières ou de chemin de fer.

L'agriculture pourrait également profiter d'une précision inférieure à 1 mètre pour la gestion des terres agricoles, au niveau ensemencement et usage de fertilisants ou d'herbicides. Grâce à l'extrême précision des données de localisation, il deviendrait possible de mesurer très précisément le rendement de chaque surface de terrain, en équipant les moissonneuses d'un système de comptage relié à un récepteur par exemple. Ces mesures pourraient ensuite être utilisées pour adapter l'épandage d'engrais, limiter la dispersion de nitrates, etc. Le positionnement par satellite faciliterait également l'exploitation raisonnée de parcelles à la géométrie et au relief complexes.

Toutefois, le GPS et GLONASS ont également la précision requise pour ces missions, et peuvent déjà fournir ces services seuls. Comme ils offrent ces services gratuitement et compte tenu de la situation économique, souvent difficile, des agriculteurs, ils auront certainement l'avantage.

1. Voir l'article du général Daniel Shaeffer, *Chine: ambitions, réalité, futur et coopérations stratégiques*.20 décembre 2006. http://www.diploweb.com/forum/schaeffer07093.htm
2. http://ec.europa.eu/transport/GALILEO/index_en.htm
3. http://www.GALILEOconf.eu/information_fr.shtml

8. LES ENJEUX MAJEURS DES TÉLÉCOMMUNICATIONS

8.1. Les appels d'urgence

La précision de la mesure du temps fournie par les horloges atomiques des systèmes GNSS (GPS, GALILEO, GLONASS, ...) peut servir à valider et sécuriser des transactions pour les banques ou le commerce électronique, ou servir à suivre des biens en circulation. Les compagnies d'assurance pourraient en faire usage (et même le font déjà) pour développer de nouveaux services [1].

GALILEO a été conçu aussi pour contribuer à l'essor de nombreux services dans le domaine des télécommunications, dont l'intégration de récepteurs GPS dans les téléphones portables est révélateur des perspectives. Tout d'abord, GALILEO peut servir de support à des directives internationales demandant que soit rendue possible la localisation précise des appels de détresse, telles que les directives E-911 aux États-Unis et E-112 [2] en Europe (E pour *Enhanced*, 112 étant le numéro européen d'appel de détresse)[3].

Chaque année, environ 180 millions d'appels de détresse sont émis en Europe, 60à 70% étant passés par des portables, dont 6 millions ne peuvent être traités faute d'avoir pu déterminer l'origine de l'appel [4]. Il est déjà possible d'obtenir un positionnement plus ou moins précis par l'intermédiaire du réseau cellulaire (identification des cellules), mais une localisation automatique précise par GALILEO serait un atout. En effet, la localisation par la cellule du réseau est très fluctuante, et elle dépend de la densité d'appels (et donc souvent de la densité de population) du lieu où est passé l'appel[5]. Au centre de Paris, les cellules ont par exemple un rayon de 40 m. Mais en Lozère, dans le Loiret ou dans le Vosges, par exemple, la taille des cellules peut atteindre 10 à 15 km de rayon. Autant une localisation à 40 m près

1. http://www.galsys.eu/

2. La localisation de l'appelant en vue de la prestation de services d'appels d'urgence à localisation (E112) est couvert dans la recommandation de la Commission C(2003)2657, JO L 189 du 29.7.2003, p. 49 à 51.

3. Philippe Poire, Grégoire Duchateau, Martin Bodenstorfer, *Score : un projet pour un service opérationnel d'assistance 112 utilisant EGNOS*, Navigation, 2006, vol. 54, n° 215, p. 17-32.

4. Commission européenne, *Livre vert sur les applications de navigation par satellite*, 2007, p. 5.

5. X. Lagrange, P. Godlewski, S. Tabbane, Réseaux GSM-DCS, Hermès, 1997.

peut être utile, autant une localisation à 15 km près est, en pratique, une « non-localisation ».

Ces services seront en principe gratuits. Ils devraient équiper également les véhicules de série de grandes marques automobiles, comme Peugeot et Audi[1] qui ont été des précurseurs. Des applications d'anti-démarrage à distance en cas de vol (ou de panne) ont également été développés. Les réglementations encore inexistantes, tant juridiques que normatives, limitent encore ces perspectives de marché en Europe, mais aussi aux États-Unis et au Japon.

8.2. Vers une convergence avec la téléphonie mobile

La principale révolution devrait résulter, selon les industriels, des applications et des services innovants liés à la mobilité et à l'intermodalité, qui combineront le positionnement satellitaire et la téléphonie mobile. Un simple boîtier GPS, GALILEO, GLONASS ou autre est un simple récepteur n'émet aucune donnée en retour (le système est totalement passif). Mais, en intégrant téléphone et récepteur GALILEO, il devient possible au terminal d'être aussi émetteur, et donc de retransmettre à des prestataires la position calculée par le GNSS, ce qui ouvrirait des perspectives pour toute une panoplie de nouveaux services. Ainsi, à Besançon, dans le cadre de l'expérimentation menée sur les bus, il était déjà envisagé que les usagers puissent connaître par sms le temps d'attente des bus à l'arrêt le plus proche sur leur téléphone mobile équipé d'un récepteur GALILEO. Les applications résultant de la convergence GNSS et téléphonie sont en cours de réalisation. Le système THURAYA des Émirats arabes unis a d'ailleurs intégré en mode natif un récepteur GPS dans ses terminaux qui sont à la fois GSM et satellite.

Pour que de telles applications puissent se généraliser, il faudra réussir à concilier les technologies des nouveaux terminaux GPRS ou UMTS (téléphonie 3G) avec celles du GPS renforcé par EGNOS ou, plus tard, de GALILEO[2].

1. http://www.audi.fr/audi/fr/fr2.html.

2. L. Audounet, S. Gasnier (Rockwell-Collins), M. Wiegman (Airbus), R. Lenormand, P. Vincent (Alcatel Alenia Space), « L'apport des satellites de télécom aux domaines de l'aéronautique. Besoins et retours d'expériences », colloque *Les Journées des Applications spatiales de Toulouse*, Toulouse, 5-6 décembre 2006. Le nom d'« aéroconstellation » avait été évoqué pour ce projet, mais aucune confirmation officielle ne semble le valider à ce jour.

D'autre part, l'inclusion de capteurs GNSS dans de nombreux appareils mobiles permet de développer des services géolocalisés (LBS ou *Location-Based Services*) dont on entrevoit l'essor avec les services de recherche locale (restaurants, hôtels, stations-service, voire hôpital le plus proche). La plupart de ces possibilités sont déjà en cours de développement avec le système GPS. La précision des mesures de temps et de positionnement apportée par GALILEO devrait permettre d'aller encore plus loin et d'assurer une fiabilité renforcée par la vocation civile instaurée dès le début du projet.

Le secours en montagne pourrait aussi être facilité si les randonneurs et les alpinistes étaient équipés d'un matériel recensant les coordonnées précises de tous les refuges de montagne. L'ajout par les nouvelles générations de GNSS du calcul et de la connaissance de l'altitude, en plus de la position latitude-longitude, peut s'avérer très utile. Enfin, le système de combat du fantassin du futur, FELIN, intègre cette fonctionnalité sur un terminal durci, de la taille d'un PDA et d'un poids de quelques centaines de grammes, porté à l'avant-bras[1]. Chaque fantassin connaît sa position et celle de son groupe, tandis que le chef de section peut voir tous ses groupes et sa position propre par rapport à celles des autres sections.

Le GPS dispose actuellement d'une position de quasi monopôle, y compris pour les applications militaires et des forces de sécurité. Même si une migration vers EGNOS est envisagée et a parfois débuté, il convient de rappeler EGNOS sera totalement tributaire du GPS tant que GALILEO ne sera pas pleinement opérationnel.

8.3. Les avantages de GALILEO

Outre la pérennité du service de positionnement par satellite (GALILEO et GPS seront compatibles et interopérables), condition *sine qua non* de la survie de toutes les applications en cours de développement, l'intégrité du signal fourni par GALILEO, associée à sa plus grande précision, devraient faire une différence. Par exemple, la précision de localisation en altitude de GALILEO, qui n'avait pas été initialement prévue par le GPS, devrait permettre de faire la différence entre les bretelles superposées d'un

1. http://www.navigation-satellites-toulouse.com/spip.php?article478

échangeur autoroutier pour repérer un véhicule en difficulté ou pour des applications de bâtiments et travaux publics.

Or, c'est la qualité et l'intérêt réel du service final qui fera la différence pour les utilisateurs. Si le pari technologique de GALILEO est ambitieux, ce sont les services et les applications qui feront la différence. En effet, peu importe à la majorité des utilisateurs quelle solution technique sera mise en œuvre : l'important sera la fiabilité et la qualité du service, son coût et le bénéfice dans la vie quotidienne.

9. CONCLUSION ET PERSPECTIVES

La prospective est toujours une science difficile, plus encore dans le cas des systèmes d'information et de communication dédiés à la géolocalisation et à la radionavigation.

Trois nations devraient, avec des niveaux divers, devenir des puissances dans le domaine des GNSS, car elles ont une ambition stratégique.

Les États-Unis devraient maintenir leur position stratégique. Dès la conception du projet GPS, la dimension géostratégique avait été intégrée : le GPS était avant tout un instrument de puissance militaire, puis a permis d'acquérir des avantages diplomatiques, de capter des services commerciaux et de contrôler des points stratégiques (détroits, grands axes, etc.). Les États-Unis disposent clairement de la mainmise sur l'ensemble des services de guidages militaires et civils, et sont en mesure de perturber significativement une région du monde.

Les deux autres pays sont la Chine, avec BEIDOU, et l'Inde, avec GAGAN. Si ces deux pays ont noué des relations commerciales avec GPS, GLONASS ou GALILEO, ils ont développé leurs propres systèmes, en vue d'obtenir une certaine indépendance, certes encore limitée à leur zone d'influence régionale. En outre, ils ont ainsi pu développer leurs technologies et leurs capacités industrielles, tout en nouant des partenariats avec GPS ou GALILEO (et dans une moindre mesure avec GLONASS) pour fabriquer les terminaux civils, ce qui leur assure d'importantes retombées économiques.

Ainsi, États-Unis, Chine et Inde ont inscrit leurs projets de GNSS dans un souci avoué d'ambitions politiques et stratégiques, notamment militaires, tant pour assurer leur indépendance que pour disposer d'un système d'influence, sans négliger les retombées économiques.

Face à ces trois systèmes, le système russe, GLONASS, s'inscrit, lui, dans un projet stratégique, peut-être plus restreint. En effet, GLONASS eut pour seule vocation de s'inscrire en réaction à la domination du système américain GPS. De plus, il connaît des difficultés dues au manque chronique de financement que le gouvernement russe refuse de lui accorder, en dépit d'une relance en 1999.

Quant à GALILEO, il repose fondamentalement sur une volonté de développement économique, à vocation principalement civile. À la différence du GPS, GALILEO n'a pas été conçu comme un strict instrument de souveraineté militaire et stratégique, avec des perspectives d'ouvertures à d'autres secteurs. Il est la résultante de plusieurs choix et contraintes : développer des services civiles, disposer d'une souveraineté face au GPS américain, fédérer autour d'un projet commun, ... Il existe une composante de souveraineté dans le projet GALILEO. Mais elle n'est pas prépondérante. À la différence du GPS, la volonté stratégique ne fut pas centrale. Cette orientation initiale s'est traduite par des choix fondés sur des compromis et des arbitrages, au risque de s'écarter d'une vision stratégique. Or, le GPS avait démontré qu'un choix stratégique n'était pas incompatible – au contraire – avec la valorisation commerciale et économique du projet.

De nombreux experts se sont focalisés sur la concurrence entre GPS et GALILEO, alors même qu'EGNOS doit assurer la compatibilité et l'interopérabilité entre ces deux systèmes. De plus, GALILEO a des objectifs presque exclusivement commerciaux, alors que pour le GPS, la dynamique commerciale est la résultante – certes valorisante – d'un instrument de souveraineté militaire et politique.

En réalité, l'affrontement risque surtout, à terme, de se jouer entre les États-Unis, la Chine et l'Inde, qui ont, tous trois, la volonté de dominer des régions du monde par l'intermédiaire de leurs GNSS respectifs. Compte tenu des croissances respectives dans ce domaine, les enjeux devraient apparaître à partir de 2015-2020.

GALILEO a donc une place, une perspective. Il devra certainement trouver une alliance avec le système GPS, ce qui restreint la portée de la volonté de souveraineté de l'Europe. Initialement présenté comme concurrent du GPS pour assurer l'indépendance de l'Europe, il devra peut-être s'en rapprocher, voire s'y allier, pour répondre aux nouveaux entrants venant d'Asie.

BIBLIOGRAPHIE

1994 Federal Radionavigation Plan, National Technical Information Service, DOT-VNTSC-RSPA-95-1/DOD-4650.5, Springfield, VA, May 1995.

1996 Federal Radionavigation Plan, National Technical Information Service, DOT VNTSC RSPA- 97-2/DOD-4650.5, Springfield, VA, July 1997.

Adnan Ali Shah Syed, "Indo-Russian Relations, Prospects for the 21st Century", *Strategic Studies*, vol. 24, n°3, 2003, p. 23-51.

Aein J.M., *Miniature Guidance Technology Based on the Global Positioning System*, RAND, R-4087-DARPA, 1992.

Aerospace Corporation, *Status of GPS/GLONASS Compatibility Testing*, Briefing presented at the GPS Joint Program Office, Los Angeles AFB, June 16, 1994.

Agreement on the Promotion, Provision and Use of Galileo and GPS Satellite-Based Navigation Systems and Related Applications, Treaty Establishing the European Community, Hereinafter Referred to as the "Member States", and the European Community, 26 juin 2004.

Air Force Chops GPS Contract Plan," Space News, July 24-30, 1995, p. 1.

Air Force Set To Release RFP on $2 Billion GPS Block IIF Contract, C4I via NewsPage, May 11, 1995.

Air Force Solicits Industry Comments on Plan to Change GPS Satellite Navigation Message, GPS World, November 1994, p. 16.

Alkan R.M., *GPS single point positioning without selective availability*, US Hydrographis conference, 22-24 mai 2001.

Alsip D.H., Butler J.M., Radice J.T., *The Coast Guard's Differential GPS Program*, USCG Headquarters, Office of Navigation Safety and Waterway Services, Radionavigation Division, June 29, 1992.

Ananda M., Munjai P., Sung R., Woo K.T., *A Simple Data Protection Scheme for Extended WAAS*, unpublished paper, The Aerospace Corporation, Los Angeles, CA, June 1995.

Anderson, Lynn, *Differential GPS Overview*, Briefing presented to the Defense Science Board Task Force on GPS, Los Angeles, CA, July 12-14, 1994.

Applied Research Laboratories, *A GPS Information and Data System for the Civil Community*, vol. III : "Interface Control Document for the Civil GPS Service Interface for the OPSCAP Reporting and Management System", ARL-TR-88-11, Austin, TX, March 8, 1988.

ARINC, "*User's Overview*", YEE-82-009D, Los Angeles, CA, March 1991.

Arnett E.H., "The Most Serious Challenge in the 1990s? Cruise Missiles in the Developing World," in Eric H. Arnett and Thomas W. Wander (eds.), (complété par "The Proliferation of Advanced Weaponry: Technology, Motivations, and Responses"), American Academy for the Advancement of Science, Washington, D.C., 1992.

Arnold J.A., *FHWA Positioning,* Briefing presented to the National Research Council Committee on the Future of GPS, Washington, D.C., July 28-30, 1994.

Ashtech Inc., Motorola Inc., and Trimble Navigation Ltd., *Responses from the Civilian GPS.*

Badot Marion, *La sécurisation du détroit de Malacca : un défi pour l'Asie du Sud-Est,* CEREM (Centre d'études et de recherche de l'École militaire), document interne, 2005.

Bakry el-Arini M., Conker R.S., Albertson T.S., Reagan J.K., Klobuchar J.A., Doherty P.H., "Comparison of real-time ionospheric algorithms for a GPS wide area augmentation system (WAAS)", *Navigation journal of the Institute of Navigation,* vol. 41, n° 4, 1994-1995.

Ballew R., Decker L., *NAVSTAR GPS: Future Requirements and Recommended Actions,* Briefing presented to the National Research Council Committee on the Future of the Global Positioning System, Washington, D.C., July 28-30, 1994.

Barbier J., Trémas T., *European Complement to GPS: Presentation of the Concept and Experimental System*, Paper presented at the 7th European Frequency and Time Forum, Neuchâtel, Switzerland, March 16-18, 1993.

Barbour N., Elwell J., Sutterlund R., *Initial Instruments - Where To Now?* Draper Laboratory, CSDL-P-3182, Cambridge, MA, June 1992.

Barlier F., Dordain J.-J., *GALILEO : en enjeu stratégique, scientifique et technique*, Éd. De L'Harmattan, 2008.

Bartenev V.A. *et al.*, *Russia's Global Navigation Satellite System*, National Air Intelligence Center, Wright-Patterson AFB, OH, May 1994.

Bartholomew C.A., *Clocks: evolution of frequency standards*, AGARDOGRAPH OTAN, 1979.

Bartholomew C.A., *Quartz crystal oscillator development for TIMATION*, Naval Research Laboratory, report n° 7478, 24/10/1972.

Baumann P., *Le GPS : une précision toute relativiste, groupes quantiques*, Institut de recherche et de mathématique avancée, université de Strasbourg, 2007-2008.

Beard R.L., Murray J., White J.D., *GPS Clock Technology and the NAVY PTTI Programs at the US Naval Research Laboratory*, US Naval Research Laboratory, Washington DC, 1983.

Bell J., Bradley A.W., *Government Liability: A Comparative Study*, United Kingdom National Committee of Comparative Law, 1991.

Beukers J.M., "Administrative Procedures and Agreements Governing Global Radionavigation", Paper presented at the *49th Annual Meeting Proceedings*, Institute of Navigation, Cambridge, MA, August 1993.

Beukers J.M., "Global Radio Navigation - A Challenge for Management and International Cooperation," *Navigation*, Journal of The Institute of Navigation, vol. 23, n° 4, 1976-1977, p. 325-333.

Bhaskaranarayana A., *Indian IRNSS and GAGAN*, Director SCP/FMO & Scientific Secretary, Indian Space Research Organisation, Presentation to COSPAR Meeting, Montreal, 15 juillet 2008.

Bhaskaranarayana A., *Indian Space Research Organisation*, Presentation to COSPAR Meeting, Montreal, 15 juillet 2008.

Bottari Elio, "*User Equipment Overview,*" The NAVSTAR GPS System, Advisory Group for Aerospace Research and Development, Lecture Series n° 161, NATO, Neuilly-Sur Seine, 1988, p. 6.

Bowie Ch. *et al.*, *Trends in the Global Balance of Airpower*, RAND, MR-478/1-AF, 1995.

Brown Alison, Silva Randy, Zhang Gengsheng, "Test Results of a High Gain Advanced GPS Receiver", *ION 55th Annual Meeting*, Cambridge, MA, June 1999.

Burgess Lisa, "GLONASS Expected To Be Operational in 1995," *Space News*, October 4-10, 1993, p. 6.

Burkholder E.F., *Definition and Description of a Global Spatial Data Model (GSDM)*, April 1997.

Burkholder E.F., *A Practical Global Spatial Data Model for the 21st Century*, presented at the National Technical Meeting of the Institute of Navigation, Long Beach, CA, January, 1998.

Bussert Jim, "Russian Airport Control Systems," *Avionics*, vol. 18, n° 8, 1994, p. 32-34.

Butterworth-Hayes Philip, *Russian Keeps Faith with GLONASS*, Aerospace America, August 1994, p. 4-6.

Cabler H., DeCleene B., "LPV: New, Improved WAAS Instrument Approach", *Proc. of ION GPS-2002*, Portland, 2002.

Carel O., Blachier B., De Vries M., « La nouvelle génération de navigation par satellite - EGNOS et GALILEO au service des transports », *Revue technique de l'institut français de navigation*, volume 51, numéro 203, juillet 2003.

Carus W. S., *Cruise Missile Proliferation in the 1990s,* The Washington Papers #159, Praeger, Westport, CT, 1992.

CE, *Satellite Navigation Services: A European Approach*, Commission of the European Communities, COM(94) 248 final, Brussels, 1994.

Center for International Security and Arms Control, *Assessing Ballistic Missile Proliferation and Its Control*, Stanford, CA, 1991.

Chairman of the Joint Chiefs of Staff, *CJCS Master Navigation Plan* CJCSI 6130.01, May 20, 1994.

Clarke B., *Aviator's Guide to GPS*, McGraw-Hill, Inc., NY, 1994.

Clynch, J., "Comparisons of DGPS Systems in a Dynamic Environment," *Proceeding of ION GPS-94*, Salt Lake City, UT, September 20-23, 1994.

Collectif, *North American GPS Markets: Analysis of SA and Other Policy Alternatives*, Final Report to the National Academy of Sciences, Committee on the Future of the Global Positioning System, May 1, 1995.

Collier W. C., Weiland R.J., *Smart Cars, Smart Highways*, IEEE Spectrum, April 1994, p. 27-33.

Commission of the European Communities, *Satellite Navigation R&D Activities Under Way and Envisaged By the European Commission*, Draft, 1995.

Communication de la Commission au Parlement européen et au Conseil, État des lieux du programme GALILEO, COM(2006) 272 final, Bruxelles, le 7/6/2006.

Cooper P., "Navy Satellite System Aims to Deter ID Mishaps," *Defense News*, August 8-14, 1994, p. 26.

Council of the European Union, Proposition modifiée de règlement du Parlement européen et du Conseil relatif à la poursuite de la mise en œuvre des programmes européens de radionavigation par satellite (EGNOS et GALILEO), 13113/07, Bruxelles, 26 septembre 2007.

Currie D. P., *The Constitution in Congress: Substantive Issues in the First Congress, 1789-1790*, 1991.

Daggett Stephen, *A Comparison of Clinton Administration and Bush Administration Long-Term Defense Budget Plans for FY1994-99*, Congressional Research Service, CRS Report for Congress, December 20, Washington, D.C., 1994.

Danchik R.J., "The navy navigation satellite system (TRANSIT)", *Johns Hopkins APL Technical Digest*, vol. 5, oct.-dec. 1984, p. 323-329.

Danchik R.J., "The navy navigation satellite system (TRANSIT)", *Johns Hopkins APL Technical Digest*, vol. 5, oct.-dec. 1984, p. 323-329.

Danzy F. *et al.*, "NTS-2 cesium beam frequency standard for GPS", *Proc. of the 8th annual Precise Time and Time Interval (PTTI) meeting*, 01/12/1976.

DeBolt R.O. *et al.*, "*A Technical Report to the Secretary of Transportation on a National Approach to Augmented GPS Services*", U.S. Department of Commerce, National.

Defense Mapping Agency (DMA), *Department of Defense World Geodetic System 1984: Its Definition and Relationships with Local Geodetic Systems*, Technical Report 8350.2, Defense Mapping Agency (now National Imagery and Mapping Agency), Fairfax, Virginia, 1991.

Delion A.G., DuruptyM., « Chronique du secteur public économique », *CAIRN*, n° 118, 2006/2.

Desai R.D., « Le Partenariat indo-russe », The Johns Hopkins University, *CAIRN*, n° 19, 2007 /2.

Desai R.D., *The Future of Indo-Israeli Relations*, The Diplomat, Baltimore (Md.), The Johns Hopkins University, 2004.

Desingly A., « Galileo, la navigation européenne, questions juridiques et stratégiques au temps de la concession », Travaux et recherches de l'IFRI, 19 octobre 2006.

Deutsche Aerospace AG, *Assessment of the Potential of Satellite Navigation Systems and the European Dimension of Their Utilisation*, Commission of the European Communities, Ulm, Germany, January 31, 1994.

De Vries M., « GNSS : pour un nouveau défi aérospatial de l'Europe aux USA », *Navigation*, vol. 47, n° 185, 1999.

Dillingham Gerald L., Associate Director for Transportation Issues, General Accounting Office, *Perspectives on FAA's Efforts to Develop New Technology*, testimony before the U.S. House of Representatives, Committee on Science, Subcommittee on Technology, May 16, 1995.

Donahue G., *Associate Administrator for Research and Acquisition*, Federal Aviation Administration, testimony before the U.S. House of Representatives, Committee on Science, Subcommittee on Technology, May 16, 1995.

Donohue J.D., *The Privatization Decision: Public Ends, Private Means,* Basic Books, NY, 1989, p. 37-56.

Dopart K.P., Kelley A. Scott, *Analysts for the Energy*, Transportation and Infrastructure Program, Office of Technology Assessment, testimony before the U.S. House of Representatives, Committee on Science, Subcommittee on Technology, May 16, 1995.

Dorfler J., *Progress Update: DoD-DoT Wide Area Augmentation System Discussions*, Department of Transportation, February 15, 1995.

Drezner J.A., Smith G.K., *An Analysis of Weapon System Acquisition Schedules*, RAND, R-3937-ACQ, December 1990, p. 181

Durand C., Petrovski M., « Un développementalisme russe ? Le retour de l'État en Russie et ses limites », document de travail pour le CEMI-EHESS, séminaire du 14 mars 2008.

Dyment M.J., *Differential GPS Markets in the 1990's: A North American Cross Industry Study*, KV Research, Inc., McLean, VA, 1992.

Dyment M., *Differential GPS in the 1990's: A North American Cross Industry Study,* presentation made to the National Research Council Committee on the Future of the Global Positioning System, Washington, D.C., Sept. 29-Oct.1, 1994.

Easton R.L., "Optimum altitudes for passive ranging satellite navigation systems", *Naval research Reviews*, August 1970.

Easton R.L., "The role of Time/Frequency in Navy navigation satellites", *Proc. of the IEEE*, vol. 60, n° 5, may 1972.

Easton R.L., Bartholomew C.A., Wenzel R.F., Carson R., *Radiations effects on satellite crystal oscillators*, Naval Research Laboratory, report n° 7368, 15/02/1972.

Easton R.L., Brescia R., *Continuously visible satellite constellations*, Naval Research Laboratory, Report n° 6869, 30/04/1969.

Easton R.L., *Initial results of the NAVSTAR GPS NTS-2 satellite*, Naval Research Laboratory, report n° 8232, 25/05/1978.

Easton R.L., *The TIMATION navigation satellites*, AGARDOGRAPH OTAN, 1979.

Electronic Manufacturing and Packaging in Japan, Japanese Technology Evaluation Center, National Technical Information Service, ISBN 1-883712-37-8, Washington, D.C., 1995.

Enhanced GPS for Combat Systems," briefing presented to the Defense Science Board Task Force on GPS, Los Angeles, CA, July 12-14, 1994.

Ernst T.J., *GPS Augmentation: An ITT Perspective*, Briefing presented to the RAND GPS Study Team, Washington, D.C., November 2, 1994.

European Commission, *Status of GALILEO and EGNOS Programmes*, 11th Air Navigation Conference, AN-Conf/11-IP/50, Montréal, 22 septembre-3 octobre 2003.

European Commission, *Status of GALILEO and EGNOS Programmes*, 11th Air Navigation Conference, AN-Conf/11-IP/50, Montreal, 22 septembre-3 octobre 2003.

Eustace H.F., "C3I Defense Conversion Markets Part 1: $15 Billion Spending on Russian Airways Modernization Will Use Many Western C3I Technologies Already Developed", *Defense Electronics*, June 1993, p. 28-31.

Évenou F., *Techniques et technologies de localisation avancées pour terminaux mobiles dans les environnements Indoor*, Thèse de doctorat de l'université Joseph-Fourier, Laboratoire France Télécom R&D (TECH/IDEA) de Grenoble, 22/01/2007.

Executive Order 12906 Coordinating Geographic Data Acquisition and Access: The National Spatial Data Infrastructure, Federal Register, vol. 59, n° 71, April 13 1994, p. 17671-17674.

Falvey S. *et al.*, "Global Positioning System time transfer receiver initial comparison experiment", *Proc. of the 3rd International Geodetic Symp. On Satellite Doppler Positioning (IGSSDP)*, February 1982.

Fau N., *Enjeux et organisations spatiales du détroit de Malacca*, 2004.

FCC Allocates 33 MHz of Spectrum to MSS Opens Opportunities, Mobile Satellite News, December 22, 1993, p. 1.

Ferster, Warren, "Rockwell Sets Sights on GPS With Team Bid", *Space News*, January 30-February 5, 1995, p. 1-21.

Foote K.E., Lynch M., *The Geographer's Craft Project*, Department of Geography, the University of Colorado at Boulder, Geographic Information Systems as an Integrating Technology: Context, concepts, and definitions, 2000.

Forden G., *The military capabilities and implications of China's indigenous satellited-based navigation system*, Massachusetts Institute of Technology, Cambridge, MA, 30/04/2004.

Forssell Börje, Trond Birger Olsen, *Jamming GPS: Susceptibility of Some Civil GPS Receivers*, in GPS World, vol. 14, n° 1, January 2003, p. 54-58.

Frémont A., « Les routes maritimes : nouvel enjeux des relations internationales », *CAIRN*, n° 69 2008.

Gabaglio V., « Le contenu et les priorités du domaine GALILEO », Technical Division, GALILEO Joint Undertaking, journée d'information, 7th FP, Marne la Vallée, 21 novembre 2006.

GALILEO will boost economy and make life of citizens easier, MEMO/11/17, Bruxelles, 21/10/2011.

Garcin T., « Les enjeux stratégiques de l'espace », *LGDJ*, 2001.

Gardner J., Silverman I., Weaver C., *TIMATION I Ground Station*, Naval Research Laboratory, report 6781, 18/11/1968.

Garwin R.L., "Precision munition and the systems in which they are embedded – GPS, mapping, high resolution radar, and non-lethal weapon", *XV Almadi conference*, Helsinki, 25-27 septembre 2003.

Giorgiadou Yola, Doucet Kenneth D., The issue of selective availability, GPS World, octobre 1990.

GLONASS Interface Control Document Edition 5.1, 2008.

Goldstein L.J., Erikson A.S., *China's Nuclear Force Modernization*, Naval War College, 2005.

Gorbov A.V., Makarenko N.L., Zoubinsky V.L., *On Development of High Precision Geodetic Network Based on GLONASS and GPS Measurements in Russia*, FIG XXII International Congress, Washington, D.C USA, April 19-26 2002.

Gowrisankar D., Kibe S.V., *India's satellite navigation programme*, APRSAF, Vietnam, 10/12/2008.

GPS Block IIF Initial Technical Package, August 1994.

GPS in a Challenged Tactical Environment: Security, Vulnerabilities, and Countermeasures, Briefing presented to the National Research Council Committee on the Future of GPS, Washington, D.C., June 23, 1994.

GPS Operational Principles, Briefing presented to the National Research Council Committee on the Future of GPS, Washington, D.C., June 23, 1994.

Grace J., *GPS Vulnerability," briefing presented to the Defense Science Board Task Force on GPS*, Los Angeles, CA, July 12-14, 1994.

Gruber B., *Current and Potential Cryptographic Systems Used With GPS*, presentation made to the RAND GPS study team, Los Angeles, CA, August 25, 1994.

Guier W.H., Weiffenbach G.C., "Genesis of satellite navigation", *Johns Hopkins APL Technical Digest*, vol. 19, 1997.

Gunther T., *The Potential of Loran-C Stations as GNSS Monitoring Sites*, paper prepared for *ION GPS 1992*, Institute of Navigation, 1992.

Haley R., *DCI Presentation to CGSIC*, Briefing presented at the 25th Meeting of the Civil GPS Service Interface Committee, Tysons Corner, VA, March 3, 1995.

Harper L. A., *The English Navigation Laws*, Columbia University Press, NY, 1939.

Hemesath N.B., "Performance Enhancements of GPS User Equipment," *Global Positioning System*, vol. I & II, Institute of Navigation, Washington, D.C., 1980, p. 106-107.

Hofmann-Wellenhof B., Lichtenegger H., Wasle E., *GNSS - Global Navigation Satellite Systems: GPS, GLONASS, Galileo and More*, Éd. Springer Wien New York, 2008.

Hofmann-Wellenhof B., Lichtenegger H., Wasle E., *GNSS - Global Navigation Satellite Systems: GPS, GLONASS, Galileo and More*, Ed. Springer Wien, New York.

Hoshinoo Kazuaki, *Integrity of GNSS for Civil Air Navigation in Japan*, Ministry of Transport of Japan, Tokyo, 1993.

House, *Civil Aircraft Usage of GPS*, hearings before the committee on Transportation and Infrastructure, Subcommittee on Aviation, June 8, 1995.

http://www.trade.gov/mas/manufacturing/OAAI/aero_stats.asp.

http://www.uscc.gov/hearings/2010hearings/written_testimonies/10_05_20_wrt/10_05_20_ulman_statement.php.

Integration of the EGNOS programme in the GALILEO programme, Communication from the Commission to the European Parliament and the Council, Brussels, 19/03/2003.

International Maritime Satellite Telecommunications Act, P.L. 95-564 [H.R. 11209], 1978.

Isakowitz S.J., *International Reference Guide to Space Launch Systems*, American Institute of Aeronautics and Astronautics, Washington, D.C., 1991.

ITT Aerospace/Communications Division, *Future Civil Space Navigation System: Executive Summary*, ITT Defense & Electronics, Fort Wayne, IN, March 29, 1994.

Japan Ministry of Transport, Civil Aviation Bureau, *Multi-functional Transport Satellite (MTSAT) Aeromission*, Tokyo, 1994.

Joint Department of Defense/Department of Transportation Task Force, *The Global Positioning System: Management and Operation of a Dual Use System, A Report to the Secretaries of Defense an Transportation*, Washington, D.C., December 1993.

Judycki D., Euler G., "*The Intelligent Vehicle-Highway Systems Program in the United States*", U.S. Department of Transportation, Washington, D.C., April 1993.

Kennedy C. H., *An Introduction to U.S. Telecommunications Law*, Artech House, Norwood, MA, 1994, p. xiv.

Koorey F., *Navstar Global Positioning System Policy & Waivers (Updated Version)*, Science Applications International Corporation, A004-334, San Diego, CA, 1994.

Kursinski E.R., Hajj G.A., Hardy K.R., "Temperature or Moisture Profiles from Radio Occultation Measurements", *8th Symposium on Meteorological Observations and Instrumentation*, American Meteorological Society, Anaheim, CA, January 17-22, 1993.

Lachow I., "The Global Positioning System and Cruise Missile Proliferation: Assessing the Threat", CSIA Discussion, paper 94-04, Kennedy School of Government, Harvard University, June 1994.

Langley R.B., *Iraq and GPS: some frequently asked questions*, University of New Brunswick, 13 mars 2003.

Leick A., *GPS Satellite Surveying*, John Wiley & Sons, NY, 1995.

Lejeune R., Bakry el-Arini M., Klobuchar J.A., Doherty P.H., "Adequacy of the SBAS ionospheric grid concept for precision approach in the Equatorial region", *Proc. of the ION GPS 2002*, Portland, USA, 2002.

Logsdon T., *The Navstar Global Positioning System*, Van Nostrand Reinhold, New York, 1992.

Lundberg O., *Civil GNSS: The Inmarsat Vision for the 21st Century*, Royal Institute of Navigation, London, November 8, 1994.

Maral G., Bousquet G., *Satellite communication systems*, éditions Wiley.

Margo Rod D., *Aviation Insurance*, Butterworths, London, 1989.

McCaskill T. *et al.*, "NTS-2 cesium frequency stability results", *Proc. of the 32nd symposium on frequency control*, 1978.

McCaskill T. *et al.*, *Stability analysis of the cesium frequency standard on board navigation technology satellite-2 (NTS-2)*, Naval Research Laboratory, report n° 8375, 1980.

McCaskill T., Arvey C., Gardner H., *Doppler only navigation using the TIMATION II satellite*, Naval Research Laboratory, report n° 7559, 03/12/1973.

McCaskill T., Buisson J., Lynch D., *Principles and Techniques of satellite navigation using TIMATION II satellite*, Naval Research Laboratory, report n° 7552, 17/06/1971.

McCaskill T., Buisson J., *NTS-1 (TIMATION III) quartz-and-rubidium oscillator frequency stability results*, Naval Research Laboratory, report n° 7932, 12/12/1975.

McDonnell D., Aerospace, *TSPR GPS Block II-F White Paper*, Los Angeles, CA, May 27, 1994.

McDowell J., Space Home Page (launch records), Harvard University, 1997-2010.

McMahon K. S., Gormley D.M., *Controlling the Spread of Land-Attack Cruise Missiles*, American Institute for Strategic Cooperation, Marina del Rey, CA, January 1995.

Mogee Research & Analysis Associates, *Global Positioning Systems Technology: An International Patent Trend Analysis*, Great Falls, VA, April 6, 1995.

Navsat International, Inc., *Policy Options for GPS NAVSTAR*, Draft, McLean, VA, February 1994.

NAVSTAR Global Positioning System User Charges: A Preliminary Report to The Senate and House Committees on Armed Services, Washington, D.C., March 1, 1982.

NAVSTAR Global Positioning System User Charges: A Report to The Senate and House of Representatives Committees on Appropriations and Armed Services, Washington, D.C., May 31, 1984.

Nichols S., White J., Danzy F., *Design and ground test of the NTS-1 frequency standard system*, Naval Research Laboratory, report n° 7904, 05/09/1975.

Nolan Janne E., *Trappings of Power: Ballistic Missiles in the Third World*, The Brookings Institution, Washington, D.C., 1991.

OACI, « Les répercussions de la crise économique sur la croissance du trafic en 2008 - les prévisions à moyen terme de l'OACI laissent présager une reprise de l'activité en 2010 », PIO 16/08, Montréal, 18 décembre 2008.

Orsoni J., Jean-Pierre Helfer J.-P., Nicolas J.-L., *Marketing*, Vuibert, septembre 2007 (10e éd.).

Pace S., Frost G.P., Lachow I., FrelingerD.R., Fossum D., Wassem D., Pinto M.M., *The global positioning system. Assessing natioanl policies*, RAND Corp. Report 411 p. 1995.

Pace S., Wilson J.E., *GPS: Market projections and Trends in the newest Global Information Utility*, The International Trade Administration, Office of Telecommunications, US Department of Commerce, septembre 1998.

Pace Scott, Frost Gerald P., Lachow Irving, Frelinger David R., Fossum Donna, Wassem Don, Pinto Monica M., *The Global positioning system - Assessing national policies*, RAND, 2007.

Peebles C., *Guardians: Strategic Reconnaissance Satellites*, Ian Allan Ltd, London, 1987.

Peter H., Penrod D & B., "*The Role of GPS in Precise Time and Frequency Dissemination,*" *GPS World*, July/August 1990.

Piéplu J.-M., Salvatori O., *GPS et Galileo : Systèmes de navigation par satellites*, Eyrolles, 2006.

Poirson Anne-Claire, *Les détroits stratégiques de l'énergie*, FIG 2007.

Polischuk G.M., Kozlov V.I., Ilitchov V.V., Kozlov A.G., Bartenev V.A., Kossenko V.E., Anphimov N.A., Revnivykh S.G., Pisarev S.B., Tyulyakov A.E., Vorokhovsky Y.L., "The global navigation satellite system GLONASS: Development and usage in the 21st century", *34th annual Precise Time and Time Interval (PTTI) Meeting*, 2011.

Poole R. W., *Building a Safer and More Effective Air Traffic Control System: Executive Summary*, Reason Foundation, Policy Insight n° 126, Santa Monica, CA, February 1991.

Prabhakar A.S., *U.S. Coast Guard Radionavigation System User Survey*, U.S. Department of Transportation, DOT-CG-N-01-90, Springfield, VA, February 1990.

Prasad Ramjee, Ruggieri Marina, *Applied Satellite Navigation Using GPS, GALILEO, and Augmentation Systems.*

Preiss G., *et al.*, *Organising the Consultative Process for European GNSS User Requirements*, Commission of the European Communities, Brussels, December 19, 1994.

Proakis J.G., *Digital communication*, Mc Graw-Hill, 1997 (3rd ed).

Recommandation n° 821 sur des systèmes spatiaux pour la sécurité européenne : GMES et GALILEO, Assemblée européenne de sécurité et de défense, assemblée de l'Union de l'Europe Occidentale (UEO) le 4 juin 2008, au cours de sa 3e séance plénière.

Recommandation n° 821 sur des systèmes spatiaux pour la sécurité européenne : GMES et GALILEO, Assemblée européenne de sécurité et de défense, assemblée de l'Union de l'Europe Occidentale (UEO) le 4 juin 2008, au cours de sa 3e séance plénière.

Reha M.A., *GPS single point positioning without selective availability*, US Hydrographis conference, 22-24 mai 2001.

Report on the Development of BEIDOU (COMPASS) Navigation Satellite System, China Satellite Navigation Office, August 2011.

Rife J., Walter T., Blanch J., "Overbounding SBAS and GBAS error distributions with excess-mass functions", *Proc. of the 2004 International Symposium on GPS/GNSS*, Sydney, Australia, 2004.

Rossiya. V polyote 'Kosmos-2345', Novosti Kosmonavtiki, Issue 17, 1997.

Royal Institute of Navigation, *Institutional Requirements for a Global Navigation Satellite System*, Draft, London, December 12, 1994.

RTCA Task Force, *Report on the Global Navigation Satellite System (GNSS) Transition and Implementation Strategy*, Washington, D.C., September 18, 1992.

Ruichek Y., Gechter F., Koukam A., Charpillet F., « Véhicules intelligents: perception de l'environnement et navigation », *Systèmes embarqués et transports terrestres*, mars 2005, p. 19-24.

Scales R.H., *Certain Victory: United States Army in the Gulf War*, U.S. Army, 1993.

Schrogl Kai-Uwe, Mathieu Charlotte, Peter Nicolas (eds), *The Yearbook on Space Policy, 2006/2007: New Impetus for Europe*, Springer-Verlag, Austria, 20 octobre 2008.

Selected Acquisition Report (RCS: DD-COMP [Q & A] 823) for the NAVSTAR GPS Program, December 31, 1994.

Shetty Sundar A., *Industry & Trade Summary: Navigational and Surveying Instruments*, U.S. International Trade Commission, USITC Publication 2730, Washington, D.C., February 1994.

Shi Chuang, Liu Jingnan, *GNSS status and developments in China*, Wuhan University, Chinese National GNSS Engineering Center, CGSIC, 46th, Fort Worth, Texas, 26 septembre 2006.

Silva R., Murray G., *Low Cost Quartz Rate Sensors Applied to Tactical Guidance IMUs*, IEEE PLANS-94, Las Vegas, NV, April 1994.

Spilker J.J. Jr., Parkinson B.W., "Overview of GPS Operations and Design", *Global Positioning System: Theory and Applications*, vol. 1, Washington DC, American Institute of Aeronautics and Astronautics, 1996.

Spilker, J.J., *Digital Communications by Satellite*, Prentice-Hall, Englewood Cliffs, NJ, 1977.

Status of GPS/GLONASS Compatibility Testing, Presentation made to the RAND GPS study team, Los Angeles, CA, August 25, 1994.

Sturza M.A., "GPS Navigation Using Three Satellites and a Precise Clock", *Navigation*, vol. 30, 1983, p. 146-156.

Suryanarayana Rao K.N., *GAGAN – The Indian satellite based augmentation system*, ISRO satellite centre, 14/05/2007.

Suryanarayana Rao K.N., Pal S., *The Indian SBAS System - GAGAN*, the India-United States Conference on Space Science, Applications, and Commerce, juin 2004.

System 621BUser equipment definition and experiments program - Task 6 - phase 2, SAMSO TR7365, vol. 1, 2 and 3, GRUMMAN Aerospace Corporation, April 1973.

Task Force on GPS, *Direct Y-Code Acquisition for Precision Guided Munitions*, Briefing presented to the Defense Science Board Task Force on GPS, Los Angeles, CA, July 12-14, 1994.

The Aerospace Corporation, *The Aerospace Corporation, Its Work: 1960-1980*, Los Angeles, CA, 1980.

The Compelling Case for a NavSat (GNSS) Council and Secretariat, Paper presented at the Special Meeting of the International Association of the Institutes of Navigation, Paris, France, October 15, 1993.

The Global Positioning System: A Shared National Asset", National Academy Press, Washington, D.C., May 1995.

The Global Positioning System: Charting the Future - Summary Report", National Academy of Public Administration: Washington, D.C., May 1995.

The TIMATION satellite, Space application branch, Naval Research Laboratory, Report n° 6781, November 1968.

TIMATION development plan, Naval Research Laboratory, Space application branch, report n° 7227, 02/03/1971.

Turner D.A., Smith Marcia S., *GPS: Satellite Navigation and Positioning and the DOD's navstar global positioning system,* Ed. Congressional Research Service, Library of Congress, 1994.

Ulman W.A., "*China's Emergent Military Aerospace and Commercial Aviation Capabilities,*" Testimony Before the U.S.-China Economic and Security Review Commission, May 20, 2010. As of January 29, 2011:

U.S. Air Force, *Selected Acquisition Report for Navstar GPS*, RCS: DD-COMP(Q&A)823, December 31, 1993.

U.S. Coast Guard, *Coast Guard Recommendation/Position on Civil Access to the Precise Positioning Service*, CIRCA 1987.

U.S. Coast Guard, *Coast Guard Recommendation/Position on Generation/Distribution of Precise Satellite Ephemerides*, CIRCA 1987.

U.S. Coast Guard, *Coast Guard Recommendation/Position on GPS Near Real-Time Operational Status Capability Reporting System (OPSCAP),* CIRCA 1987.

U.S. Congress, Office of Technology Assessment, *Assessing the Potential for Civil-Military Integration: Technologies, Processes, and Practice's*, OTA-ISS-611, U.S. Government Printing Office, Washington, D.C., September 1994.

U.S. Department of Commerce, *Commercial Space Ventures - A Financial Prespective*, April 1990, p. 25-31.

U.S. Department of Commerce, Institute for Telecommunications Sciences, *A National Approach to Augmented GPS Services*, NTIA Special Publication 94-30, December 1994.

U.S. Department of Commerce, *U.S. Aerospace Industry Statistics*, International Trade Administration, U.S. Department of Commerce website, undated. As of January 29, 2011.

U.S. Department of Defense and U.S. Department of Transportation, *Federal Radionavigation Plan, 1992*, John A. Volpe National Transportation Systems Center, DOT-VNTSC-RSPA-92-2, January 1993.

U.S. Department of Defense, *Conduct of the Persian Gulf War: Final Report to Congress*, Pursuant to Title V of the Persian Gulf Supplemental Authorization and Personnel Benefits Act of 1991 (P.L. 102-25), April 1992.

U.S. Department of Defense, Under Secretary of Defense, memorandum to the Chairman of the Defense Science Board on the Terms of Reference - Defense Science Board Task Force on Global Positioning System, June 2, 1994.

U.S. Department of Transportation, Federal Aviation Administration, Satellite Program Office, *FAA Satellite Navigation Program Master Plan FY 94-99*, June 15, 1994.

U.S. Department of Transportation, Research & Special Programs Administration, *The RSPA Approach to Establishing the Civil GPS Service*, Washington, D.C., October 30, 1987.

U.S. GPS Industry Council, *GPS: A Dual-Use Technology Success*, Washington, D.C., 1994.

U.S. Japan Foresee GPS Market Growth, *Space News*, November 16-22, 1992, p. 10-12.

US Air Force Space Command, *Satellite Roadmap*, briefing charts, Boulder, CO, December 29, 1994.

US Air Force, *The Feasibility of a GNSS Exploitation Threat*, National Air Intelligence Center, Foreign Space Systems Analysis TAG 07-02, Wright-Patterson AFB, OH, April 25, 1995.

US Department for Energy, "GPS-Guided Cruise Missiles and Weapons of Mass Destruction", Bailey Kathleen C. (ed.), *The Director's Series on Proliferation #8*, Lawrence Livermore National Laboratory, Livermore, CA, June 1, 1995, p. 1-22.

US Environmental Protection Agency, Science and ecosystem Support Division, *Operating Procedure*, SESDPROC-110-R3, 20/04/2011.

US Joint staff officer's guide, JSFC PUB 1, Joint Force Staff College, Norfolk, 23511-1702.

US Joint Staff, *The Joint staff officer's guide*, JSFC PUB 1, Joint Force Staff College, Norfolk, 23511-1702.

US National Research Council, Commission on Engineering and Technical Systems, Committee on the Future of the Global Positioning System, *Statement of Task*, 1994.

US Office of the Press Secretary, Executive Order of the President, *Coordinating Geographic Data Acquisition and Access: the National Spatial Data Infrastructure*, April 11, 1994.

US Office of the Secretary of Defense, *Defense Technology Plan*, Washington, D. C., September 1994.

VECP for Antenna Electronics, Briefing presented to the Defense Science Board Task Force on GPS, Los Angeles, CA, July 12 14, 1994.

Vigarié A., *Géostratégie des océans*, Caen, Paradigme, 1990.

Wang Xiaojin, Wang Xia, "Understanding Beidou One Navigation System," *Marines Navigation Technology* (Hanghai Jishu) (in Chinese) n° 1, n° 6, p. 31, 2004.

Warburton, J., Lamb D., "Validation of the FAA LAAS specification using the LAAS Test Prototype (LPT)", *Navigation*, 45(4), 1998, p. 265-274.

Watt, A., Storey J., *The Technical Implementation of a Common European Programme for Satellite Navigation*, EUROCONTROL, France, January 1995.

Weber J., Stein S., Engeln J., "Estimation of intraplate strain accumulation in the New Madrid seismic zone from repeat GPS surveys", *Tectonics*, 17(2), 1998, p. 250-266.

Weber, R., Klotz S., „Das GPS-Grundnetz AREF-1: Auswertestrategie, Modellbildung und Kombination", Österr. *Z. Vermess. Geoinf.*, 86(2), 1998, p. 84-91.

Werner, M., *Satellitenortung und Navigation*, Wiesbaden, Germany: F. Vieweg-Verlag, Wiesbaden, Germany, 1998, 340 p.

Whitehead M.L. *et al.*, "A close look at satloc's real-time WADGPS system", *GPS Solutions*, 2(2), 1998, p. 46-63.

Wiedemer M., *Proposed Guidelines for Compatible Operation of Radionavigation Satellites (Working Draft)*, Revision 3.6, NAVSTAR GPS Joint Program Office, January 10, 1995.

Williams S., Bock Y., Fang P., "Integrated satellite interferometry: Tropospheric noise, GPS estimates and implications for interferometric synthetic aperture radar products", *J. Geophys. Res.*, 103(B11), 1998, p. 27051-27067.

Wilson P. *et al.*, "Study provides data on active plate tectonics in Southeast Asia region", *EOS, Trans. AGU*, 79(45), 1998, p. 545, 548-549.

Work P.A., Hansen M., Rogers W.E., "Bathymetric surveying with GPS and heave, pitch, and roll compensation", *J. of Surv. Engrg.* ASCE, 124(2), 1998, p. 73-90.

Wu J., Lin S.-G., "Kinematic positioning with GPS carrier phases by two types of wide laning", *Navigation*, 44(4), 1998, p. 471-477.

Wu S.C. *et al.*, "Demonstration of micro-GPS for low-cost orbit determination", *Advances in the Astronautical Sciences*, 97(2), 1998, p. 1537-1548.

Xing G.Q., Parvez S.A., "Autonomous adquisition and maintenance of a satellite constellation using LQG/LTR optimal controller with GPS measurements", *Advances in the Astronautical Sciences*, 100(2), 1998, p. 671-684.

Yamada A. *et al.*, "Analysis of GPS data at Syowa Station and IGS tracking stations", *Polar Geoscience*, 11(10), 1998, p. 1-8.

Yamada A. *et al.*, "Wide area analysis of GPS data in Antarctica", *Bull. Geogr. Survey Inst.*, 44(3), 1998, p. 37-43.

Yaqin Chen, Xiang Ma, Jingjun Guo, Aisheng Zhou, Xin Wang, Shukai Li, "Development of DGPS system based on FM subcarrier data link", Microwave and Millimeter Wave Technology, 2000, *2nd International Conference on. ICMMT 2000*, p. 408-411.

Yinger C.H., Feess W.A., Nuth V., Haddad R.N., *GPS Accuracy versus Number of NIMA stations*, National Imagery and Mapping Agency, 2002.

Yola Giorgiadou, Doucet K.D., *The issue of selective availability*, GPS World, octobre 1990.

Yuan J., Jia H., Fang Q. "GPS applied to space vehicles", *IEEE AES Systems Magazine*, 13(1), 1998, p. 25-30.

Yuan, J., Luo J., Dou X., Tian Z. "Control of space station and its adjoint orbiter using relative DGPS", *Advances in the Astronautical Sciences*, 99(2), 1998, p. 1383-1389.

Zaïtsev Iouri, *Le Glonass: entre discours et réalité*, RIA Novosti, 4 mai 2007.

Zarraoa N., Mai W., Sardón E., Jungstand A., "Preliminary evaluation of the Russian GLONASS system as a potential geodetic tool", *J. Geod.*, 72(6), 1998, p. 356-363.

Zhao S.R., Takemoto S., "A seismic fault movement before the 1995 Kobe earthquake detected by a GPS survey: implication for preseismeic stress localization?", *Geophys. J. Int.*, 135(2), 1998, p. 595-606.

Zhu W.Y, Cheng Z.Y., Xiong Y.Q., Hu H.G. "Preliminary results of measuring the crustal deformation in Qinghai-Xizang area using GPS technique", *Science in China*, D41(3), 1998, p. 306-313.

Zirm R., Brescia R., Morris C., *Transionospheric differential delay measurements from TIMATION II at 150 MHz and 400 MHz*, Naval Research Laboratory, report n° 7419, 24/08/1972.

Zumberge J.F., Watkins V, Webb F.H., "Characteristics and applications of precise GPS clock solutions every 30 seconds", *Navigation*, 44(4), 1998, p. 449-456.

Table des matières

Achevé d'imprimé Décembre 2014
par **IGC Communigraphie**
10 rue Gustave Delory - BP26421
42964 Saint-Etienne Cedex 1

N° 2014.11.0073